TREINE SEU CÉREBRO

Seth J. Gillihan

TREINE SEU CÉREBRO
TERAPIA COGNITIVO-COMPORTAMENTAL EM 7 SEMANAS

Título original em inglês: *Retrain your Brain – Cognitive Behavioral Therapy in 7 Weeks*.
Copyright © 2016 Callisto Media Inc. Todos os direitos reservados.
Publicado mediante acordo com Althea Press, um selo da Callisto Media Inc.

Produção editorial: Retroflexo Serviços Editoriais
Tradução: Luiz Euclydes Trindade Frazão Filho
Revisão de tradução e revisão de prova: Depto. editorial da Editora Manole
Diagramação e projeto gráfico: R G Passo
Capa: Ricardo Yoshiaki Nitta Rodrigues
Imagem da capa: istockphoto

CIP-BRASIL. CATALOGAÇÃO NA PUBLICAÇÃO
SINDICATO NACIONAL DOS EDITORES DE LIVROS, RJ

G397t

Gillihan, Seth J.
    Treine seu cérebro : terapia cognitivo-comportamental em 7 semanas / Seth J.
Gillihan ; tradução Luiz Euclydes Trindade Frazão Filho. - 1. ed. - Santana de Parnaíba
[SP] : Manole, 2021.
    23 cm.

    Tradução de: Retrain your brain : cognitive behavioral therapy in 7 weeks
    ISBN 9786555764154

    1. Terapia cognitiva. 2. Terapia do comportamento. 3. Cérebro. I. Frazão Filho,
Luiz Euclydes Trindade. II. Título.

20-68202

                              CDD: 616.891425
                              CDU: 615.851

Meri Gleice Rodrigues de Souza - Bibliotecária CRB-7/6439

Todos os direitos reservados.
Nenhuma parte desta publicação poderá ser reproduzida, por qualquer processo,
sem a permissão expressa dos editores.
É proibida a reprodução por fotocópia.

A Editora Manole é filiada à ABDR – Associação Brasileira de Direitos Reprográficos.

Edição brasileira – 2021

Direitos em língua portuguesa adquiridos pela:
Editora Manole Ltda.
Alameda América, 876 – Tamboré – 06543-315 – Santana de Parnaíba – SP – Brasil
Fone: (11) 4196-6000 | www.manole.com.br | https://atendimento.manole.com.br

Impresso no Brasil
Printed in Brazil

Ao pai de meu pai,
CPO Frank Rollin Gillihan
(1919-1967)

A Medicina é uma área do conhecimento em constante evolução. Os protocolos de segurança devem ser seguidos, porém novas pesquisas e testes clínicos podem merecer análises e revisões, inclusive de regulação, normas técnicas e regras do órgão de classe, como códigos de ética, aplicáveis à matéria. Alterações em tratamentos medicamentosos ou decorrentes de procedimentos tornam-se necessárias e adequadas. Os leitores, profissionais da saúde que se sirvam desta obra como apoio ao conhecimento, são aconselhados a conferir as informações fornecidas pelo fabricante de cada medicamento a ser administrado, verificando as condições clínicas e de saúde do paciente, dose recomendada, o modo e a duração da administração, bem como as contraindicações e os efeitos adversos. Da mesma forma, são aconselhados a verificar também as informações fornecidas sobre a utilização de equipamentos médicos e/ou a interpretação de seus resultados em respectivos manuais do fabricante. É responsabilidade do médico, com base na sua experiência e na avaliação clínica do paciente e de suas condições de saúde e de eventuais comorbidades, determinar as dosagens e o melhor tratamento aplicável a cada situação. As linhas de pesquisa ou de argumentação do autor, assim como suas opiniões, não são necessariamente as da Editora.

Esta obra serve apenas de apoio complementar a estudantes e à prática médica, mas não substitui a avaliação clínica e de saúde de pacientes, sendo do leitor – estudante ou profissional da saúde – a responsabilidade pelo uso da obra como instrumento complementar à sua experiência e ao seu conhecimento próprio e individual.

Do mesmo modo, foram empregados todos os esforços para garantir a proteção dos direitos de autor envolvidos na obra, inclusive quanto às obras de terceiros e imagens e ilustrações aqui reproduzidas. Caso algum autor se sinta prejudicado, favor entrar em contato com a Editora.

Finalmente, cabe orientar o leitor que a citação de passagens desta obra com o objetivo de debate ou exemplificação ou ainda a reprodução de pequenos trechos desta obra para uso privado, sem intuito comercial e desde que não prejudique a normal exploração da obra, são, por um lado, permitidas pela Lei de Direitos Autorais, art. 46, incisos II e III. Por outro, a mesma Lei de Direitos Autorais, no art. 29, incisos I, VI e VII, proíbe a reprodução parcial ou integral desta obra, sem prévia autorização, para uso coletivo, bem como o compartilhamento indiscriminado de cópias não autorizadas, inclusive em grupos de grande audiência em redes sociais e aplicativos de mensagens instantâneas. Essa prática prejudica a normal exploração da obra pelo seu autor, ameaçando a edição técnica e universitária de livros científicos e didáticos e a produção de novas obras de qualquer autor.

Editora Manole

GUIA RÁPIDO PARA COMEÇAR

Este livro é adequado para você? Assinale os itens que geralmente descrevem o seu perfil:

- ☐ Tenho dificuldade para dormir.
- ☐ Sinto como se não houvesse nada a aguardar ansiosamente.
- ☐ Tenho dificuldade para relaxar.
- ☐ Não tenho interesse pelas coisas que eu costumava apreciar.
- ☐ Tenho medo da próxima crise de ansiedade.
- ☐ Tenho dificuldade para me concentrar e tomar decisões.
- ☐ Sinto-me culpado e desanimado comigo mesmo.
- ☐ Tenho pavor de determinados objetos, animais ou situações.
- ☐ É difícil encontrar energia e motivação.
- ☐ Preocupo-me mais do que necessário.
- ☐ Em geral, sinto-me tenso e ansioso.
- ☐ Evito coisas que preciso fazer porque essas atividades me deixam ansioso.
- ☐ É difícil controlar a minha preocupação.
- ☐ Sinto-me extremamente nervoso em algumas situações sociais e as evito, se possível.

Se você assinalou vários itens, continue lendo para inteirar-se sobre a terapia cognitivo-comportamental (TCC) e assumir parte do controle do processo terapêutico.

Sumário

Sobre o autor   XI
Sobre a autora do prefácio   XII
Agradecimentos   XIII
Prefácio   XV
Introdução   XVII

PARTE 1 – Antes de começar

CAPÍTULO 1   A familiarização com a terapia cognitivo--comportamental (TCC)   3

CAPÍTULO 2   Entenda a ansiedade e a depressão   18

PARTE 2 – Sete semanas

SEMANA 1   Estabeleça os seus objetivos e comece   39

SEMANA 2   Retorno à vida   56

SEMANA 3   A identificação dos seus padrões de pensamento   72

SEMANA 4   Liberte-se dos padrões de pensamentos negativos   90

SEMANA 5   Gestão do tempo e de tarefas   112

SEMANA 6   Enfrente os seus medos   141

SEMANA 7   Vamos juntar tudo   169

As próximas sete semanas   184
Recursos   186
Referências bibliográficas   190
Índice remissivo   198
Anotações   203

Sobre o autor

O psicólogo **Seth J. Gillihan**, PhD, é professor-assistente de psicologia clínica do Departamento de Psiquiatria na University of Pennsylvania. O dr. Gillihan concluiu seu doutorado nessa universidade, onde se especializou em terapia cognitivo-comportamental (TCC) e em neurociência cognitiva do humor e da emoção. O autor escreve e profere palestras, em nível nacional e internacional, sobre TCC e a maneira como o cérebro está envolvido no processo de regulação de nossos estados de humor. Ele é autor do livro *Terapia cognitivo-comportamental – estratégias para lidar com ansiedade, depressão, raiva, pânico e preocupação,* publicado pela Editora Manole, e coautor, ao lado de Janet Singer, de *Overcoming OCD: A Journey to Recovery,* que descreve como a TCC ajudou o seu filho a se recuperar de uma grave condição de transtorno obsessivo-compulsivo (TOC). O dr. Gillihan atua em Haverford, Pensilvânia, como especialista em TCC e intervenções baseadas na atenção plena para o tratamento da ansiedade, da depressão e de condições correlatas. Ele reside em Ardmore, Pensilvânia, com sua esposa e três filhos.

Sobre a autora do prefácio

Lucy F. Faulconbridge, PhD, é professora-assistente de psicologia clínica no Center for Weight and Eating Disorder da Perelman School of Medicine, da University of Pennsylvania. Ela mantém um consultório particular em Wayne, Pensilvânia, especializado no tratamento de condições como distúrbios alimentares, depressão e ansiedade. A dra. Faulconbridge concluiu o bacharelado pela University de St. Andrews, na Escócia, em 2000 e o mestrado em psicologia pela University of Pennsylvania em 2002.

Agradecimentos

Agradeço às muitas pessoas que influenciaram a elaboração deste livro. Meus pais ofereceram palavras de incentivo em momentos cruciais de minha vida. Meus quatro irmãos, Yonder, Malachi, Timothy e Charlie, são uma constante fonte de apoio, nos melhores e piores momentos.

Dois professores da George Washington University influenciaram fortemente o meu treinamento clínico: o dr. Ray Pasi me inspirou como clínico e continua me inspirando com seu espírito caloroso e senso de humor. Recebi também atenciosa e constante orientação do falecido dr. Chris Erickson, que me direcionou para a TCC.

Como novo estudante de terapia cognitivo-comportamental (TCC) na University of Pennsylvania, eu não poderia ter tido melhores supervisores clínicos: a dra. Melissa Hunt, minha supervisora de avaliação, ensinou-me a confiar em meus instintos. O dr. Alan Goldstein me mostrou que a boa terapia comportamental poderia ter calor humano. O dr. Rob DeRubeis, meu supervisor de terapia cognitiva durante três anos, tem, como terapeuta especializado em TCC, o dom de apoiar o estilo único de cada estagiário. Tive a sorte de ter a dra. Dianne Chambless, que liderou a elaboração de uma lista de tratamentos respaldados por pesquisas, como diretora de treinamento clínico na University of Pennsylvania durante o meu período naquela instituição. A dra. Martha Farah foi a melhor orientadora de doutorado do mundo e apoiou totalmente as minhas decisões profissionais mesmo quando elas me afastavam da esfera acadêmica. A dra. Edna Foa, pioneira no tratamento da ansiedade, prestou treinamento e colaboração de valor inestimável enquanto atuei em tempo integral como docente da University of Pennsylvania. A dra. Elyssa Kushner foi uma excelente supervisora de pós-doutorado; ela me apresentou a terapia baseada na atenção plena.

Agradeço a Janet Singer por sua gratificante colaboração, que continua a gerar frutos. Agradeço também o aconselhamento generoso e sensato de Corey Field.

Foi maravilhoso trabalhar com a minha editora, Nana K. Twuamasi, como parte da visão geral deste projeto.

Nos últimos 15 anos, tive o distinto privilégio de tratar centenas de pessoas comprometidas em empreender difíceis mudanças. Agradeço pela oportunidade de trabalharmos juntos – aprendi imensamente com elas.

Por fim, à minha esposa e amiga Marcia Leithauser: não tenho palavras para expressar minha gratidão pelo seu contínuo apoio, pelas suas perspicazes sugestões quando eu me sentia "empacado" e por me fazer lembrar, desde o início, de escrever com o coração.

Prefácio

As pesquisas mostram que a terapia cognitivo-comportamental (TCC) é o tratamento mais eficaz para os transtornos depressivos e de ansiedade, superando os fármacos e outros tipos de terapia em sua capacidade de aliviar o sofrimento e evitar a recaída. Mas o que é TCC e como funciona?

É difícil reconhecer o poder de cura da TCC enquanto você não a vê em ação. Em meu trabalho clínico, já testemunhei pessoas debilitadas por esses transtornos despertarem à medida que aprendem as técnicas cognitivo-comportamentais.

Por exemplo, uma de minhas pacientes, uma mulher de 65 anos que sofria de depressão há 30 anos, chegou ao meu consultório sentindo-se sem esperanças, frustrada e completamente descrente de que eu pudesse ajudá-la a "pensar em uma saída". Na sua cabeça, ela era vítima de uma cruel loteria genética, e não havia nada que ela (ou eu) pudesse fazer para melhorar o seu humor.

Entretanto, em algumas sessões, ela se conscientizou de seus processos de pensamento e passou a reconhecer que muitas de suas suposições a seu respeito não eram baseadas em fatos. Ela começou a questionar esses pressupostos e a considerar outras possibilidades antes de tirar conclusões. A paciente descobriu que os seus pensamentos nem sempre eram totalmente precisos e aprendeu a procurar evidências antes de acreditar em seus julgamentos iniciais.

Essa conscientização em relação aos seus padrões de pensamento levou a pequenas, mas profundas, mudanças na maneira como ela se relacionava com o marido. À medida que o seu casamento começou a melhorar, ela passou a se sentir suficientemente segura para reavaliar as suas interpretações sobre as reações dos outros em relação a ela e começou a entender que a lente através da qual ela vivenciava o mundo era distorcida. Por meio da TCC, ela conseguiu reestruturar os seus processos de pensamento de modo que lhe permitisse aceitar o mundo e a si mesma com base em motivos mais precisos.

Gradativamente, a paciente ganhou confiança para começar a socializar-se novamente e buscar contato com os membros da família que ela pensava terem desistido dela. E ficou agradavelmente surpresa com a reação deles. Eu presenciei a transformação de alguém que mal conseguia reunir energia para fazer uma caminhada para uma pessoa engajada em eventos sociais e familiares e que passou a viver intensamente. Esse é o potencial da TCC para transformar vidas.

As pessoas geralmente buscam ajuda para a depressão e a ansiedade nos livros, mas abandonam esses livros quando se deparam com o jargão acadêmico ou com as explicações demasiadamente complexas da teoria psicológica, ou quando desanimam com o simples tamanho dos livros. Para aqueles que lutam com o peso da tristeza ou que enfrentam a carga de exaustão da ansiedade, um livro extenso escrito em linguagem abstrata pode parecer sufocante. Nestas páginas, porém, o dr. Gillihan nos forneceu um livro simples, sucinto e descontraído, ideal para pessoas que se sentem exauridas ou derrotadas por suas lutas. Em nove capítulos de fácil leitura, o dr. Gillihan incute confiança e maestria em seus leitores, desmembrando as estratégias cognitivo-comportamentais em conceitos e exercícios facilmente digeríveis.

Conheço o dr. Gillihan há 15 anos e testemunhei em primeira mão a sua compaixão e empatia por pacientes que a ele recorrem em busca de ajuda em seus momentos mais vulneráveis. Quando esses pacientes estão em sua pior fase, ele pode prestar a assistência de que eles necessitam e muni-los gentilmente com as habilidades de que necessitam para se ajudar. Hoje, mais de uma década depois de termos cursado a faculdade juntos, fico feliz por poder discutir algumas questões clínicas com o dr. Gillihan, à medida que ele recorre à sua ampla experiência em ajudar os pacientes e seus familiares a combater a ansiedade e a depressão. Ele escreveu extensamente sobre esse tema, publicando mais de 40 textos acadêmicos e clínicos, e é coautor do livro *Overcoming OCD: A Journey to Recovery*.

O engajamento no processo da TCC é, na verdade, uma jornada possivelmente desafiadora e árdua, mas também empolgante e recompensadora. Como toda jornada difícil, ela será mais bem-sucedida sob a orientação de um guia experiente e competente. Não consigo imaginar alguém melhor do que o dr. Seth Gillihan para conduzir você nessa jornada.

Lucy F. Faulconbridge

Introdução

Como ajudar as pessoas a sofrer menos e viver mais plenamente? Essa pergunta tornou-me um psicoterapeuta. Ainda me lembro de quando descobri a resposta como estudante de mestrado. Certa vez, eu estava na biblioteca tarde da noite, lendo sobre algo chamado terapia cognitivo-comportamental (TCC). Durante essa sessão de estudo, aprendi que a TCC pode nos ajudar a substituir pensamentos e comportamentos que não estão funcionando para nós por outros que funcionem melhor.

A abordagem de tratamento parecia tão razoável, tão colaborativa entre o terapeuta e o paciente, tão respeitosa com aqueles que buscam ajuda. Com o seu implícito pressuposto de que podemos utilizar o que está intacto em nós para cicatrizar o que se quebrou, a TCC parecia interessante para os meus aprendizados humanísticos. Os programas de TCC também foram bem testados, de modo que poderíamos confiar em sua propriedade de ajudar muitas pessoas. Eu imediatamente percebi que me sentiria em casa como terapeuta.

Depois do mestrado, eu queria um treinamento mais especializado em TCC, razão pela qual fiz o doutorado na University of Pennsylvania – uma universidade em que foram desenvolvidos muitos dos tratamentos cognitivo-comportamentais mais bem testados. Nos 12 anos seguintes, estudei, pratiquei e pesquisei sobre a aplicação da TCC ao tratamento da ansiedade e depressão, primeiro como estudante de doutorado e depois como membro do corpo docente da universidade. Repetidas vezes, chamou minha atenção o poder da TCC para ajudar as pessoas a vencerem grandes barreiras em suas vidas.

O que eu não previa era como a TCC seria útil no âmbito pessoal. A vida é difícil para todos nós, e eu tive a minha parcela de ataques de pânico, humor deprimido, insônia, ansiedade, estresse e decepção arrasadora. Constatei que as ferramentas da TCC funcionam tão bem para o terapeuta como para o paciente.

Já estive do outro lado da terapia também. Eu sei o valor de ter uma pessoa para nos ouvir, para validar a nossa perspectiva, para nos desafiar gentilmente quando necessário, para nos dar um lugar em que possamos dizer qualquer coisa e ser aceitos como somos. Se você já encontrou um bom terapeuta, sabe exatamente do que estou falando.

Muitas pessoas que vêm ao meu consultório também já fizeram terapia antes. Elas podem ter explorado a própria infância, identificado padrões em seus relacionamentos mais próximos e adquirido conhecimentos valiosos. Elas provavelmente constataram que a terapia é muito útil e, até mesmo, capaz de salvar vidas. No entanto, elas procuraram um terapeuta especializado em TCC porque, por alguma razão, *não foram capazes de fazer as mudanças que desejavam.*

Talvez essas pessoas não tenham conseguido quebrar o hábito de evitar situações desconfortáveis. Ou elas continuam a ser atormentadas por constantes preocupações. Ou não conseguem abandonar a sua habitual autocrítica. Essas pessoas estão à procura de ferramentas e habilidades que lhes permitam resolver as questões das quais elas têm consciência. A TCC pode ajudar uma pessoa a transformar discernimento em mudança.

Quero que o maior número possível de pessoas vivencie o poder da TCC para tornar as suas dificuldades mais gerenciáveis. Infelizmente, muitas pessoas simplesmente não sabem que existe tratamento psicológico de curto prazo com alta eficácia. Outras têm dificuldade em encontrar um terapeuta que administre a TCC. E há ainda aquelas que não podem pagar o tratamento. Este livro é parte de um esforço no sentido de tornar a TCC mais acessível para aquelas que dela necessitam.

O meu objetivo ao escrever este livro foi apresentar um conjunto de habilidades que pode ajudar a aliviar a ansiedade e a depressão. Se você já leu outros livros sobre TCC, poderá achar este diferente em alguns aspectos. Procurei facilitar a relação com o material, sem informações desnecessárias.

Além disso, organizei os tópicos em torno de um plano de sete semanas que se constrói semana a semana. Por que sete semanas? A estrutura deste livro é semelhante ao que faço com os meus pacientes: nas sessões iniciais, desenvolvemos um sólido plano de tratamento e depois trabalhamos no sentido de conhecer as habilidades básicas de TCC nas sessões seguintes. O restante do tratamento visa à aplicação dessas habilidades. Este livro foi elaborado da mesma maneira: adquirir o mais rápido possível as habilidades de TCC de que você necessita e depois continuar a utilizá-las – em outras palavras, *aprender a ser o seu "próprio terapeuta".*

A TCC já ajudou inúmeras pessoas a viver melhor. Todos podem se beneficiar da TCC? Provavelmente não. Mas eu constatei que as pessoas que alcançaram êxito com a técnica tendem a fazer três coisas: primeiro, elas comparecem às sessões – é evidente que é bom seguir regularmente o tratamento. Segundo, elas demonstram um saudável ceticismo; não é necessário "acreditar fielmente" no tratamento para se beneficiar dele. E, por fim, elas estão dispostas a experimentar coisas novas.

Eu convido você a fazer o mesmo. "Comparecer", nesse caso, significa dedicar total atenção e intenção a este trabalho porque isso é o mínimo que você deve a si mesmo. Eu o incentivo a mergulhar no plano e ver se funciona para você. Se fizer essas coisas, imagino que você fará coro com a maioria das pessoas que se beneficia imensamente da TCC.

Vamos começar.

PARTE 1
Antes de começar

Antes de mergulharmos em nosso programa de sete semanas, seria útil conhecer um pouco sobre a terapia cognitivo-comportamental (TCC) – o que é, de onde veio e como é utilizada. É bom também ter uma noção dos tipos de condições tratadas com mais eficácia com a terapia cognitivo-comportamental.

CAPÍTULO

1

A familiarização com a terapia cognitivo-comportamental

Neste capítulo, descreveremos a terapia cognitivo-comportamental (TCC), incluindo um breve resumo de como a técnica se desenvolveu, e veremos como os terapeutas podem aplicá-la. Analisaremos também a sua eficácia. Ao final deste capítulo, você deverá conhecer a "grande ideia" por trás da TCC e o que a torna tão poderosa.

Primeiro, vejamos a experiência de Ted.

Ted caminha pelo bosque em uma manhã fria de primavera. As cerejeiras e magnólias estão em plena floração, e ele sente o calor dos raios do sol que atravessam as árvores. O som dos pássaros cantando preenche o ar.

Enquanto caminha, Ted se depara com uma ponte de madeira para pedestres, aparentemente larga e sólida, do comprimento de um ônibus escolar. A ponte passa a uma altura de 9 a 12 metros acima de um córrego.

À medida que Ted se aproxima da ponte, ele sente um súbito aperto no peito e no estômago. Ele olha para o córrego lá embaixo e imediatamente fica tonto, com uma sensação de falta de ar. "Eu não consigo", ele pensa. "Eu não consigo atravessar a ponte." Ele olha para o outro lado da ponte, para onde a trilha segue até as paisagens que ele buscava.

Enquanto tenta se recompor, Ted se pergunta por que isso está acontecendo. Ele não tinha problemas com pontes até o dia em que ficou preso no trânsito em uma enorme ponte suspensa durante uma forte tempestade. Hoje essas crises ocorrem com frequência.

Depois de se acalmar um pouco, Ted tenta criar coragem suficiente para atravessar a ponte. Depois de alguns passos sobre ela, ele é tomado pelo medo e recua rapidamente, frustrado, e volta para o seu carro.

Se Ted tivesse buscado tratamento na primeira metade do século XX, ele provavelmente faria psicanálise, uma terapia iniciada por Sigmund Freud e desenvolvida por seus seguidores. A psicanálise baseia-se no entendimento freudiano da mente, que inclui princípios como:

4 PARTE 1 | Antes de começar

- As primeiras experiências de vida são poderosos fatores determinantes da personalidade.
- Partes importantes da mente são "enterradas" em nosso subconsciente.
- Nossos impulsos animais de luxúria e agressão conflitam com a nossa consciência, levando à ansiedade e a conflitos internos.

Consequentemente, Freud via a psicanálise como uma maneira de compreender e abordar os conflitos internos "inconscientes" enraizados na infância.

Nas sessões de psicanálise, Ted provavelmente se deitaria em um divã e falaria durante a maior parte do tempo, com comentários ou questionamentos ocasionais de seu psicanalista. Ele poderia explorar o que a ponte representa, com a orientação do analista. Por exemplo, o que, de sua infância, ele associa à ponte? Os seus pais o incentivavam a explorar, ou ele recebia mensagens mistas sobre "ser bravo", mas também "ficar perto da mãe"?

Em algum momento, de acordo com Freud, o tratamento abordaria os sentimentos de Ted em relação ao analista, o que seria interpretado como uma "transferência" de relacionamentos anteriores (especialmente com sua mãe ou seu pai). Ted poderia ter sessões com seu psicanalista quatro dias por semana durante anos.

Além de ser um tratamento de longo prazo, as evidências sobre até que ponto a psicanálise funcionava eram escassas. Por essa razão, Ted poderia passar anos em um tratamento com eficácia desconhecida. Os desenvolvimentos posteriores no campo da psicoterapia tiveram por objetivo resolver essas deficiências.

Um breve histórico da terapia cognitivo-comportamental

A segunda metade do século XX trouxe uma abordagem muito diferente para tratar o tipo de medo vivenciado por Ted. Autores e pesquisadores imaginaram uma forma de terapia criada em torno das recentes descobertas científicas; primeiro, no campo do comportamento animal, e, um pouco mais tarde, no campo da cognição, ou do pensamento. Vamos dar uma olhada em cada uma dessas formas de terapia e considerar como elas se fundiram.

Terapia do comportamento

Uma poderosa ciência do aprendizado e do comportamento animais foi desenvolvida a partir do início do século XX. Primeiro, Ivan Pavlov descobriu como os animais aprendem que duas coisas caminham juntas. Em seu estudo de 1906, o experimentador tocava uma sineta e, em seguida, dava comida a um cão; depois de algumas rodadas de associação entre a sineta e a comida, o cão começava a babar ao ouvir a sineta. O animal aprendera que a sineta sinalizava a chegada da comida.

Algumas décadas mais tarde, cientistas como B. F. Skinner descobriram como o comportamento é moldado. O que nos torna mais propensos a fazer algumas coisas e menos propensos a fazer outras? Os resultados hoje são bem conhecidos: punir uma ação para detê-la; recompensar uma ação para incentivá-la. Juntos, os achados de Pavlov, Skinner e seus colegas forneceram várias ferramentas destinadas a influenciar o comportamento animal – inclusive o comportamento humano.

Em meados do século XX, os cientistas do comportamento viram uma enorme oportunidade para colocar esses princípios a serviço da saúde mental. Em vez de anos no divã, talvez algumas sessões de tratamento comportamental específico pudessem ajudar as pessoas a superar a ansiedade e outros problemas.

Talvez o pioneiro mais conhecido da terapia do comportamento seja o psiquiatra sul-africano Joseph Wolpe, precursor de um tratamento para ansiedade baseado no comportamento denominado dessensibilização sistêmica. Também natural da África do Sul, Arnold Lazarus trabalhou em colaboração com Wolpe para criar uma terapia "multimodal" que integrasse a terapia do comportamento a uma abordagem mais abrangente.

Como esses e outros terapeutas do comportamento explicam e tratam a dificuldade de Ted? Eles provavelmente diriam algo assim:

> *Bem, Ted, parece que você aprendeu a ter medo de pontes, talvez pelo fato de ter tido aquela experiência assustadora em uma ponte e agora associar as pontes ao perigo. Toda vez que se aproxima de uma ponte, você começa a sentir pânico, o que é, no mínimo, muito desconfortável. Por isso, é compreensível que você procure fugir da situação.*
>
> *Toda vez que se esquiva, você se sente aliviado – você evitou algo aparentemente horrível – e, consequentemente, recompensado por ter evitado. Embora aparentemente preferível em curto prazo, o fato de evitar não o ajuda a atravessar a ponte, uma vez que essa recompensa reforça o hábito da esquiva.*
>
> *Eis o que vamos fazer, se você topar. Faremos uma lista das situações que desencadeiam o seu medo e classificaremos cada atividade quanto ao nível de desafio envolvido. Em seguida, trabalharemos a lista de forma sistemática, começando pelas atividades mais fáceis e progredindo para as mais difíceis. Quando você enfrenta os seus medos, eles diminuem. Não deve demorar para que você comece a se sentir mais confortável em uma ponte, depois que o seu cérebro aprender que as pontes, na verdade, não são perigosas.*

Terapia cognitiva

Observe que o terapeuta não menciona a infância ou os conflitos inconscientes de Ted – ele se concentra no comportamento que "trava" Ted e no objetivo de mudar esse comportamento para que ele melhore.

Terapia cognitiva

Uma segunda onda de tratamento de curto prazo, desenvolvida nas décadas de 1960 e 1970, enfatizava o poder do pensamento para determinar nossas emoções e ações.

Os dois homens geralmente considerados os pais da terapia cognitiva não poderiam ser mais diferentes. Albert Ellis era um psicólogo agressivo e irreverente; o psiquiatra Aaron Beck, por outro lado, é um eterno acadêmico adepto da gravata-borboleta. De alguma forma, no entanto, eles desenvolveram, de modo independente um do outro, terapias extremamente semelhantes.

O princípio da terapia cognitiva é o de que males como a ansiedade e a depressão são determinados pelos nossos pensamentos. Para entender como nos sentimos, temos de saber o que estamos pensando. Se sofremos de uma ansiedade avassaladora, nossos pensamentos provavelmente são repletos de perigo.

Por exemplo, quando Ted via uma ponte e se sentia extremamente amedrontado, a sua experiência era:

$$\text{Ponte} \longrightarrow \text{Medo}$$

Do ponto de vista da terapia cognitiva, está faltando um passo crucial: a *interpretação* de Ted do que uma ponte representa:

$$\text{Ponte} \longrightarrow \text{"Vou perder o controle e pular da ponte"} \longrightarrow \text{Medo}$$

Diante das convicções de Ted, o seu medo faz perfeito sentido. Isso não significa que os seus pensamentos sejam precisos, mas, se entendermos o que ele está pensando, é fácil saber por que ele sente medo.

Quando estamos deprimidos, nossos pensamentos geralmente são de desesperança e autoderrota. Novamente, na terapia cognitiva, é importante descobrir de que maneira os nossos pensamentos contribuem para a nossa tristeza. Por exemplo, Jan pode ter tido a seguinte experiência:

$$\text{Buzinaram quando ela estava ao volante} \longrightarrow \text{Ela ficou se sentindo mal durante o restante do dia}$$

O que realmente determinou a sua tristeza não foi o fato de terem buzinado, mas a história que ela contou para si mesma sobre o que isso significava:

Buzinaram quando ela estava ao volante ——▶
"Não consigo fazer nada direito" ——▶ Sentiu-se mal durante o restante do dia

Novamente, as respostas emocionais fazem sentido quando sabemos quais são os pensamentos.

Nossos pensamentos e sentimentos caminham de mãos dadas. O discernimento crucial da terapia cognitiva é o de que, *mudando o nosso modo de pensar, podemos mudar nossos sentimentos e comportamentos.*

Vamos examinar o que um terapeuta cognitivo poderia dizer a Ted:

Parece que a sua mente está superestimando o perigo que as pontes representam. Você acredita que a ponte vai cair ou você vai se sentir tão assustado a ponto de agir por impulso e se jogar de cima dela.

O que eu gostaria de fazer com você é examinar as evidências. Podemos averiguar se as pontes são tão perigosas quanto parecem. Simplesmente reuniremos alguns dados – a partir de pesquisas, de sua experiência pessoal e de experimentos que podemos fazer juntos. Por exemplo, poderíamos subir em uma ponte que você considere difícil, mas administrável, e ver se o que você teme realmente acontece.

As chances são de que você aprenderá relativamente rápido que as pontes são seguras e que não existe nenhuma possibilidade realista de você agir por impulso e fazer algo terrível. À medida que a sua mente se ajustar à sua avaliação do real perigo, você se sentirá mais confortável sobre as pontes e a sua vida poderá retornar ao que era.

Terapia cognitivo-comportamental: uma integração inevitável

Enquanto lia as descrições das terapias comportamental e cognitiva para a situação de Ted, é possível que você não as tenha achado tão diferentes. E com razão: os nossos pensamentos e ações estão conectados e é difícil imaginarmos mudar um sem afetar o outro.

A terapia do comportamento e a terapia cognitiva compartilham os mesmos objetivos e geralmente utilizam ferramentas semelhantes. É notável que os nomes das terapias tenham mudado para incluir tanto aspectos cognitivos como comportamentais, tanto que Beck e Ellis acrescentaram a palavra "comportamento" aos seus tratamentos característicos. Até mesmo as entidades profissionais aderiram a esse movimento, tanto que a antiga American Association for Behavioral Therapy hoje é a Association for Behavioral and Cognitive Therapies.

Atenção! Se você sofre de depressão grave, com pensamentos de se machucar, ou de outros problemas sérios de saúde mental, procure um psicólogo, um psiquiatra ou outro profissional de saúde mental. Se a situação for de emergência psiquiátrica ou médica, dirija-se à unidade de pronto atendimento mais próxima.

Resumindo, a integração passou a ser a abordagem-padrão na terapia cognitivo-comportamental e é exatamente a abordagem que iremos adotar neste livro de exercícios. Trabalharemos no sentido de entender como os pensamentos, sentimentos e comportamentos estão relacionados. Um diagrama desses elementos apresenta-se da seguinte maneira:

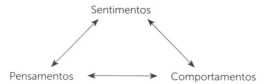

Cada elemento afeta os outros dois. Por exemplo, quando nos sentimos ansiosos, tendemos a ter pensamentos de perigo e a querer evitar aquilo que tememos. Além disso, quando achamos que algo é perigoso, temermos (sentimento) e queremos evitá-lo (comportamento). Veja a figura a seguir, que Ted elaborou com o seu terapeuta.

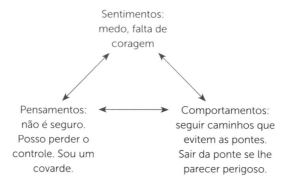

Pense em uma situação recente em que você tenha sentido uma forte emoção, talvez ansiedade ou tristeza. Descreva resumidamente a situação no espaço a seguir.

_____

_____

_____

_____

_____

_____

_____

Utilizando o diagrama a seguir, cite os sentimentos que você teve, os pensamentos que lembra ter tido e o que você fez.

O que eu senti:
_____
_____
_____
_____

O que eu pensei:	O que eu fiz:
_____	_____
_____	_____
_____	_____
_____	_____
_____	_____
_____	_____

Você nota alguma ligação entre os seus sentimentos, pensamentos e ações? Use setas para desenhar essas conexões no diagrama. Retornaremos a esse modelo de conexões muitas vezes ao longo deste livro. Mas primeiro vamos examinar melhor os princípios norteadores que conferem à TCC o seu caráter específico e a tornam altamente eficaz.

Os princípios da TCC

A TCC é como outras terapias em muitos aspectos. Para começar, a técnica envolve uma relação solidária entre o terapeuta e o paciente. Os terapeutas que trabalham efetivamente com a TCC têm uma consideração positiva por seus pacientes e esforçam-se para compreender a maneira como eles veem o mundo. Como qualquer terapia bem-sucedida, a TCC é um esforço profundamente humano e, ao mesmo tempo, tem a sua abordagem distintiva. Eis alguns dos princípios mais importantes que definem a TCC:

A TCC é limitada no tempo

Quando o tempo de tratamento permanece em aberto, podemos dizer a nós mesmos: "Eu sempre posso trabalhar isso na próxima semana". Entretanto, a TCC tem por objetivo oferecer o máximo de benefício no menor tempo possível – geralmente cerca de 10 a 15 sessões –, minimizando o sofrimento humano e o custo. Um curso de tratamento mais curto pode também nos servir de motivação para direcionar nossos esforços no sentido de tirar o máximo de proveito do tratamento.

A TCC é baseada em evidências

Os terapeutas especializados em TCC dependem de técnicas bem testadas nos estudos de pesquisa. Com base nesses estudos, eles conseguem estimar o tempo de tratamento de determinada condição e o provável benefício para a pessoa. Os terapeutas que trabalham com a TCC reúnem dados durante o tratamento para ver o que está e o que não está funcionando, a fim de que possam fazer os ajustes.

A TCC é orientada para objetivos

A TCC vai ao encontro dos *seus* objetivos. Você deve perceber se o tratamento está atendendo aos seus objetivos e até que ponto você está progredindo para alcançá-los.

A TCC é colaborativa

Pode ser fácil ver o terapeuta da TCC como aquele que "corrige". Essa visão combina com o nosso modelo clássico de busca de ajuda – por exemplo, um cirurgião realiza uma cirurgia para corrigir o seu joelho avariado. Mas a TCC não pode ser feita *para* uma pessoa. O terapeuta é um especialista em TCC, e os pacientes possuem um conhecimento especializado sobre si próprios. O sucesso na TCC requer que se reúnam essas perspectivas para criar um tratamento que atenda às necessidades do paciente. Da mesma forma, você e eu colaboraremos neste livro: eu fornecerei as técnicas de TCC e você as personalizará de modo a atender aos seus objetivos.

ISSO É TCC?

TCC é um termo abrangente, designativo de muitos tipos específicos de terapia. Alguns programas importantes de TCC não têm "TCC" no nome. Eis alguns exemplos:

- **Exposição e prevenção de resposta** para transtorno obsessivo-compulsivo (TOC).
- **Exposição prolongada** para transtorno do estresse pós-traumático (TEPT).
- **Terapia comportamental dialética** para transtorno de personalidade *borderline*.
- **Terapia de controle do pânico** para transtorno do pânico.

Cada um desses programas de terapia adapta os ingredientes básicos da TCC para tratar a condição para a qual o programa é designado. Portanto, se você estiver procurando a TCC, saiba que a técnica pode não se chamar TCC.

Por outro lado, nem tudo o que se chama TCC realmente é TCC. Ao buscar um terapeuta especializado em TCC, verifique se esse profissional possui treinamento especializado nessa abordagem. A seção de Recursos, no final deste livro, fornece um link para as diretrizes de busca de um terapeuta especializado em TCC.

A TCC é estruturada

Com a TCC, você deve ter uma boa ideia de aonde quer chegar e como chegar lá. Ela começa com o estabelecimento de objetivos claros e prossegue com a elaboração e um plano de tratamento para servir como mapa de orientação. De posse do mapa, saberemos se estamos caminhando em direção aos nossos objetivos. A TCC tem estrutura própria, na qual as sessões iniciais servem de base para as sessões subsequentes. Por exemplo, na terceira semana desse programa, veremos como identificar pensamentos inúteis, e na quarta semana, como mudar esses pensamentos.

A TCC concentra-se no presente

Comparada a outras terapias, a TCC passa mais tempo lidando com o que está acontecendo agora do que em eventos passados. Isso não significa que os terapeutas da TCC ignorem o passado ou tratem eventos da infância como irrelevantes. Ao contrário, enfatiza-se a maneira de mudar os pensamentos e o comportamento atuais para proporcionar alívio duradouro o mais rápido possível.

E QUANTO À MEDICAÇÃO?

Muitas pessoas optam por tomar medicamento para tratar sua ansiedade e depressão, com ou sem psicoterapia. Os inibidores seletivos da recaptação de serotonina (ISRS), como a fluoxetina (Prozac) e a sertralina (Zoloft), são os mais comuns receitados para depressão e são indicados também para ansiedade. Outros medicamentos em geral são prescritos para ansiedade, especialmente as benzodiazepinas, como o clonazepam (Klonopin).

Os estudos de pesquisa constataram que alguns medicamentos podem, na verdade, ser tão eficazes como a TCC, pelo menos desde que sejam tomados. Os estudos com períodos de acompanhamento tendem a considerar que a TCC é mais eficaz como uma proteção contra as recaídas. Por exemplo, um estudo de 2005 conduzido por Hollon et al. constatou que a TCC reduzia em até 85% o risco de retorno da depressão se comparada aos medicamentos antidepressivos.

A pessoa interessada na medicação psiquiátrica deve consultar um médico com larga experiência no tratamento de sua condição específica.

A TCC é um tratamento ativo

Trata-se do tipo de tratamento "arregace as mangas", no qual se enfatiza a abordagem direta de objetivos claramente definidos. Tanto o terapeuta como o paciente têm participação ativa no processo.

A TCC é orientada para habilidades

Com a TCC, aprendemos as técnicas para gerenciar as questões com as quais estamos lidando, praticá-las sozinho e levá-las conosco depois que o tratamento termina. As pessoas que fazem TCC geralmente dizem coisas como "Estou começando a reconhecer os truques da minha mente", "Agora eu consigo testar se os meus pensamentos são realmente verdadeiros" e "Estou enfrentando melhor a minha ansiedade".

A TCC enfatiza a prática

Na maioria dos casos, a terapia é de uma hora por semana, o que deixa 167 horas por semana de distância entre paciente e terapeuta. E desse modo a pessoa deve praticar novas habilidades entre as sessões para obter o máximo de benefício. Muitos estudos já demonstraram que as pessoas que trabalham mais entre as sessões se saem melhor na TCC.

Até aqui, abordamos os aspectos básicos da TCC e de sua origem. Nas últimas décadas, os pesquisadores testaram os tratamentos de TCC em ensaios clínicos. Vejamos o que eles constataram.

Até que ponto a TCC funciona?

Centenas de estudos de pesquisa testaram a eficácia da TCC para o tratamento de uma ampla variedade de problemas. Felizmente, não precisamos ler todos esses estudos para entender a mensagem. Os pesquisadores podem combinar estudos semelhantes em um único estudo utilizando estatísticas sofisticadas – o que é conhecido como metanálise.

As metanálises constatam regularmente que a TCC produz fortes efeitos no tratamento da ansiedade, da depressão e de outras condições. E esses efeitos vão além de qualquer melhora que se possa esperar pela simples passagem do tempo, uma vez que foram encontrados em estudos que incluíram uma condição de controle de lista de espera. Por exemplo, se 60 pessoas se inscrevessem para participar de um estudo de tratamento, a metade receberia 10 semanas de tratamento de imediato, enquanto a outra metade teria o seu tratamento postergado em 10 semanas. A equipe de estudo poderia então comparar os sintomas dos grupos depois das primeiras 10 semanas.

Os pesquisadores estudam também se a TCC é realmente útil ou se as pessoas melhoram apenas porque pensam estar recebendo um tratamento eficaz. Para responder a essa pergunta, os cientistas utilizam um comprimido de placebo – um comprimido que não contém qualquer medicamento real – que controla qualquer expectativa de melhora que a pessoa possa ter pelo simples fato de esta pensar que está recebendo tratamento. Os tratamentos com TCC para diversas condições são muito superiores aos proporcionados por um comprimido de placebo.

Como a TCC se compara a outras psicoterapias? A grande maioria dos programas com forte respaldo por sua eficácia é de TCC por natureza. Por exemplo, somente a TCC conta com um forte respaldo das pesquisas no tratamento de transtorno do pânico, transtorno do déficit de atenção/hiperatividade (TDAH), fobias e transtorno obsessivo-compulsivo. Embora alguns outros tipos de psicoterapia também sejam eficazes, existem evidências de que a TCC é significativamente mais eficaz do que tratamentos menos estruturados e em aberto. Parte da base de evidências dos programas de TCC é determinada pelo fato de que, comparados às terapias de formato mais livre, esses programas são relativamente fáceis de padronizar e testar em estudos de pesquisa.

O fato de os programas de TCC serem diretos e objetivos também os torna adequados para serem exportados do consultório de terapia para o tratamento autodirigido, como este livro e a TCC por meio da internet. As metanálises constatam regularmente que a TCC autodirigida pode reduzir os sintomas de ansiedade e depressão.

Embora os tratamentos autodirigidos sejam eficazes por si sós, os estudos constatam também que algumas pessoas se beneficiam ainda mais da "autoajuda dirigida" (envolvimento limitado de um especialista, seja por telefone, correspondência, *e-mail* ou pessoalmente). Por essas razões, este livro foi elaborado de modo a ser utilizado de forma autodidata ou com a orientação de um profissional.

Na próxima seção, veremos por que os programas de TCC funcionam tão bem. Antes, no entanto, vamos reservar alguns instantes para pensar em uma ocasião em que você tenha tentado fazer uma mudança específica em sua vida. Por exemplo, talvez você tenha desejado exercitar-se mais ou aprender algo novo.

A mudança que eu queria fazer:

Agora cite (1) o que deu certo, (2) o que não deu certo e (3) quaisquer obstáculos que você tenha encontrado:

_____

_____

_____

_____

_____

_____

Por que a TCC funciona?

A TCC é baseada em alguns princípios básicos sobre as relações entre os pensamentos, os sentimentos e o comportamento. Embora a TCC tenha sido reconhecida como método de tratamento há apenas algumas décadas, os princípios que lhe servem de base não são novos. Por exemplo, como o filósofo grego Epiteto (ou Epicteto) escreveu há quase 2.000 anos, "As pessoas são perturbadas não pelas coisas, mas pelas opiniões que têm sobre elas". Aaron Beck e Albert Ellis disseram essencialmente a mesma coisa em seus escritos.

Então, o que a TCC acrescenta aos princípios básicos existentes há centenas ou milhares de anos?

Quando estamos nos sentindo ansiosos ou deprimidos, muitas áreas de nossas vidas podem parecer fora de controle. Pode ser difícil saber para onde devemos começar a canalizar nossas energias. A TCC apresenta uma estrutura que nos dá uma ideia de por onde começar. Em vez de tentar resolver tudo de uma vez, uma sessão típica de TCC concentra-se em uma ou duas questões específicas. O fato de termos exercícios especificamente definidos para praticar entre as sessões permite-nos direcionar nossos esforços.

Efeitos da prática

Durante a maior parte do tempo, florescemos não por aprender coisas novas, mas por colocar em prática o que já sabemos. Conhecer os princípios da TCC é essencial, e *praticá-los* é o que determina a sua eficácia. É o mesmo que acontece com um programa de exercícios: o conhecimento sobre os benefícios da atividade física é útil, mas nós só nos beneficiamos quando nos exercitamos de fato. A TCC funciona como um constante lembrete sobre o plano a ser seguido em direção aos nossos objetivos.

Interrupção de ciclos

Quando estamos altamente ansiosos ou deprimidos, nossos pensamentos, sentimentos e comportamentos tendem a trabalhar contra nós em uma perversa espiral. A TCC ajuda a nos libertar dessa espiral. À medida que praticamos uma melhor maneira de pensar e um comportamento mais útil, nossos pensamentos e ações reforçam-se mutuamente em uma direção positiva.

Aquisição de habilidades

Por fim, o foco no aprendizado e na prática de novas habilidades na TCC permite-nos levar o tratamento conosco após o seu término. Quando enfrentamos novos desafios, armamo-nos com um conjunto de ferramentas para lidar com tais eventos. Desse modo, os benefícios da TCC são muito mais prolongados do que o tratamento.

Neste capítulo, vimos um breve histórico da TCC, bem como os seus princípios básicos e os motivos pelos quais a técnica funciona. Agora, reserve alguns instantes para conversar consigo mesmo e ver como você pode aplicar em sua própria vida o que aprendeu. Escreva os seus pensamentos e sentimentos, cuidando de ser o mais franco possível. Invista algum tempo nessa tarefa. Resista ao ímpeto de pular essa etapa e passar ao capítulo seguinte. Quando tiver terminado, continuaremos trabalhando no plano de sete semanas no Capítulo 2.

CAPÍTULO

2

Entenda a ansiedade e a depressão

No capítulo anterior, analisamos como e por que a terapia cognitivo-comportamental (TCC) foi desenvolvida e os princípios básicos de como a técnica é utilizada para tratar a ansiedade e a depressão. Consideramos alguns dos aspectos em que a TCC é única – por exemplo, trata-se de uma terapia altamente estruturada que visa à prática de habilidades essenciais.

Neste capítulo, veremos exatamente o que são a ansiedade e a depressão e como essas condições podem transtornar as nossas vidas. Vamos começar pela ansiedade.

A fobia de cachorro de Mel

– O que foi, mãe? – a filha de Mel pergunta ao sentir a tensão na sua mão ao segurá-la. A menina percebe que há algo errado.

– Está tudo bem, querida – responde Mel, tentando parecer descontraída. – Vamos atravessar a rua.

O que Mel não diz à sua filha de 4 anos é que ela quer desesperadamente evitar o cachorro que avista mais adiante na calçada.

Desde que foi perseguida por um cachorro de grande porte que escapara de um quintal, Mel tem pânico de ser atacada por cães. Embora nada tenha sofrido, ela tem certeza de que teria sido atacada se o dono do animal não o tivesse repreendido. Agora, quando ela vê um cachorro, seu coração dispara, ela começa a suar e evita o animal, se possível.

Todos os elementos de uma estrutura de TCC estão aí. Primeiro, Mel acredita que os cães são extremamente perigosos. Dada essa crença, não é de surpreender que ela sinta medo sempre que vê um cachorro. A sua experiência é:

Vê o cachorro ⟶ Sente medo

Com o nosso entendimento sobre a TCC, podemos acrescentar o pensamento interveniente:

Vê o cachorro ⟶ "Os cães são perigosos" ⟶ Sente medo

Segundo, evitando os cães, ela alivia o seu medo. De certa forma, a sua esquiva está funcionando, pelo menos em curto prazo. Infelizmente, essa atitude está também aumentando a sua tendência a fugir de cachorros no futuro.

Evitando os cães, Mel *nunca terá oportunidade de saber o que realmente aconteceria se ela se aproximasse de um*. Desse modo, o seu comportamento esquivo *reforça* a sua crença de que os cães são perigosos.

Para completar o ciclo, os temores de Mel afetam o seu comportamento, obrigam-na a evitar os cães. O medo que ela sente reforça também a crença de que esses animais são perigosos: "Por que mais eu teria tanto medo deles?".

Quando Mel veio ao consultório para tratar o seu medo de cães, ela estava presa a uma terrível espiral de pensamentos, comportamentos e emoções, descrita no diagrama que vimos anteriormente:

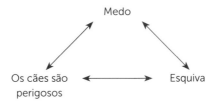

Vejamos como a TCC ajudou Mel a se libertar.

Pensamentos

Com a ajuda do terapeuta, Mel identificou suas crenças em relação aos cães e em que essas crenças estavam baseadas. Ela considerava bastante provável que os cães a atacariam – ela calculava uma probabilidade de 25%. O seu terapeuta a incentivou a pensar sobre todas as vezes em que ela estivera perto de um cachorro e quantas vezes ela ou outra pessoa havia sido atacada. Mel percebeu que, de milhares de encontros com cães, ela fora perseguida apenas uma vez.

"Mesmo assim", ela dizia, "basta uma vez." Mel e o terapeuta, então, exploraram o que acontecera quando ela foi perseguida. O cachorro pode ter apenas querido brincar com ela – pelo menos foi isso que o dono do animal explicara, desculpando-se. Mas Mel ainda tinha aquela sensação de, "E se...?".

É importante notar que *o simples fato de Mel mudar seus pensamentos não a livrou de seu medo extremo*. Ela se sentia apenas um pouco menos aterrorizada perto de cães. (É possível que você se identifique com essa experiência – por exemplo, a maioria das pessoas que tem fobia de voar sabe que o avião é a forma mais segura de viajar.) Mas Mel agora se encontrava em uma situação em que estava *disposta* a enfrentar o seu medo, considerando o risco aparentemente baixo envolvido.

Comportamento

Em seguida, Mel e seu terapeuta fizeram uma lista das maneiras como ela poderia praticar situações de proximidade com os cães até que voltasse a se sentir confortável – um processo chamado exposição. Eles encontraram maneiras relativamente fáceis – ficar na calçada quando um cachorro passasse do outro lado da rua – e outras que seriam mais desafiadoras. No topo de sua hierarquia estava a tarefa de acariciar um cão grande e "assustador", como um pastor alemão ou um Rottweiler, supostamente com a permissão do dono do animal.

Os primeiros exercícios não foram ruins, e Mel logo passou a se sentir confortável perto de cães. Como Edna Foa e outros psicólogos avaliaram, a experiência direta de Mel de não ser atacada por cães teve um poderoso efeito em sua crença de que os cães são perigosos. À medida que o medo de Mel diminuía, ela passou a enfrentar com mais facilidade as suas exposições mais difíceis. Agora os seus pensamentos, comportamentos e sentimentos estavam funcionando juntos *a seu favor*, e não contra ela.

Ao final do tratamento, Mel quase não acreditava no progresso que havia feito em apenas algumas sessões. Ela estava orgulhosa de si mesma por ter enfrentado seus temores, surpreendendo até o terapeuta ao adquirir um cachorrinho. Por meio da sua proximidade com cães na terapia, Mel percebeu que amava esses animais. Ela ainda toma os devidos cuidados quando está perto de cachorros que não conhece, mas não tem mais medo nem os evita.

As faces da ansiedade

A ansiedade pode ser útil. Pense em todas as maneiras como a ansiedade nos ajuda a cuidar de nossas responsabilidades. Sem ansiedade, é possível que não consigamos sair da cama pela manhã. Eu provavelmente estaria vendo televisão ou navegando na internet se não estivesse ansioso em relação ao prazo para terminar este livro.

Em muitas situações, pensaríamos ser estranho uma pessoa não parecer pelo menos um pouco ansiosa, como durante um primeiro encontro ou uma entrevista de emprego. Poderíamos pensar não se tratar de uma pessoa zelosa.

A ANSIEDADE EM NÚMEROS

Os transtornos de ansiedade representam as condições psiquiátricas mais comuns que as pessoas vivenciam. Até que ponto os indivíduos tendem a ter um tipo importante de ansiedade em algum momento?

- **Dezoito por cento** terão **uma fobia específica.**
- **Treze por cento** terão **transtorno de ansiedade social.**
- **Nove por cento** terão **transtorno de ansiedade generalizada.**
- **Sete por cento** terão **transtorno do pânico**.
- **Quatro por cento** terão **agorafobia.**

As **mulheres** têm 70% mais tendência a sofrer de transtorno de ansiedade do que os homens. A diferença de sexo foi maior para fobias específicas e menor para transtorno de ansiedade social.

Além disso, a ansiedade nos protege do perigo e nos instiga a proteger as pessoas pelas quais temos apreço – por exemplo, fazer os pais ficarem de olho em seus filhos perto de uma piscina. Em suma, a ansiedade nos ajuda a sobreviver, a sermos produtivos e a levar nossos genes à próxima geração.

Então, quando a ansiedade é um transtorno? Nos Estados Unidos, os profissionais de saúde mental geralmente utilizam a quinta edição do *Diagnostic and Statistical Manual of Mental Disorders*, da American Psychiatric Association – abreviado *DSM-5* –, para determinar quando é necessário um diagnóstico psiquiátrico. O *DSM-5* observa que um transtorno de ansiedade pode estar presente quando:

- **A ansiedade é superestimada em comparação com o perigo real.** Sentir muito medo ao encontrar uma aranha viúva-negra é menos provável que se trate de um transtorno do que ter pânico de moscas.
- **A ansiedade aparece regularmente em determinadas situações e se estende por um período de semanas ou meses.** O *DSM-5* inclui intervalos de tempo com a possível presença de ansiedade antes de qualquer diagnóstico. Por exemplo, os sintomas de transtorno do pânico devem levar pelo menos um mês para serem diagnosticados, enquanto os sintomas de ansiedade generalizada devem permanecer presentes por pelo menos seis meses.

- **A pessoa se sente realmente importunada pela ansiedade,** em vez de não lhe dar importância e seguir em frente.
- **A ansiedade atrapalha as atividades normais de uma pessoa.** Por exemplo, o medo que Mel tinha de cães e o fato de evitá-los estavam dificultando a sua prática de atividades regulares fora de casa.

Agora, vamos rever os principais tipos de ansiedade que os adultos apresentam, de acordo com o *DSM-5*.

Fobia específica

A fobia específica envolve ansiedade excessiva e forte medo, geralmente irracional, de determinado objeto ou situação. As pessoas podem ter fobia de praticamente qualquer coisa – de aranhas a injeções e palhaços. O *DSM-5* observa que certos temores são mais comuns, inclusive de animais, de determinados "ambientes naturais", como altura e tempestades, e situações como voar ou andar de elevador. Às vezes uma má experiência leva ao medo (como o medo de Mel em relação aos cães), mas é comum não conseguirmos identificar uma causa. Se você já lidou com alguma fobia específica, sabe como isso pode ser perturbador e quão forte é o impulso de evitar o que se teme.

Transtorno de ansiedade social

O transtorno de ansiedade social envolve um grande medo de situações sociais. Embora possa parecer uma fobia específica de situações sociais, é diferente das fobias em alguns aspectos importantes. Primeiro, o medo é, principalmente, do constrangimento. Parece quase cruel que o medo geralmente seja de que "Eu pareça ansioso", o que só resulta em mais ansiedade.

Além disso, no caso das fobias, nós normalmente sabemos se aquilo que tememos, de fato, aconteceu. Por exemplo, sabemos se caímos de uma grande altura ou se o elevador enguiçou. O transtorno de ansiedade social, por outro lado, envolve *palpites* sobre o que os outros estão pensando: "Eles me acham burro?" "Estou fazendo que ele se sinta constrangido?" "Eles estão entediados?" Mesmo quando as pessoas nos dizem coisas boas – "Você se saiu muito bem na sua palestra hoje" –, é possível que não acreditemos nelas. Podemos acreditar que o nosso desempenho foi terrível, embora nada de evidentemente ruim tenha acontecido.

Transtorno do pânico

As pessoas com transtorno do pânico geralmente são afetadas por surtos de medo, aparentemente do nada, com manifestação clara e repentina. Por mais desagradáveis que sejam, as crises de pânico *por si sós* não constituem um transtorno; apenas cerca de uma a cada seis pessoas que tiveram uma crise de pânico (ver quadro "Os efeitos do pânico") realmente têm transtorno do pânico.

OS EFEITOS DO PÂNICO

A crise de pânico não é sutil – é como um alarme que dispara e chama a nossa atenção. Durante o pânico, o sistema nervoso simpático lança uma resposta de "luta ou fuga" que libera substâncias químicas em nosso corpo, como a adrenalina, que nos preparam para lidar com o perigo. Eis os efeitos comuns desse alarme de "luta ou fuga", extraídos, em parte, de um livro de exercícios elaborado por Michelle Craske e David Barlow, especialistas em pânico:

- O coração bate mais acelerado e mais forte.
- A nossa respiração torna-se mais acelerada e mais profunda, podendo levar a sensações estranhas, como tontura ou sensação de desfalecimento e, possivelmente, à desrealização – o que alguns descrevem como uma sensação de "distorção" da realidade – ou despersonalização, uma sensação de que você não está ligado ao seu corpo.
- Suamos mais, o que pode alimentar a autoconsciência.
- Nossos sistemas digestivos são afetados, podendo causar náuseas e diarreia.
- Os músculos se contraem e se prepararam para a ação, podendo causar tremores.
- Provavelmente temos um enorme desejo de nos livrar da situação em que estamos.
- Quando soa um alarme, tentamos descobrir o que há de errado. Na ausência de uma explicação óbvia, como Craske e Barlow ressaltam, a mente provavelmente pensa haver algo de errado *interiormente* – estou sofrendo uma emergência médica, como um infarto ou derrame, ou estou prestes a "perder o controle". Esses temores só intensificam o sinal de alarme.
- Quando a crise começa a diminuir, é provável que nos sintamos exaustos em decorrência do estresse e da tensão do pânico. Podemos chorar à medida que a atividade aumenta no sistema nervoso parassimpático (o que nos acalma).

As crises têm de acontecer repetidamente e de forma inesperada, e a pessoa deve se preocupar com a hipótese de ter mais crises ou de mudar o seu comportamento – por exemplo, evitar dirigir em determinadas horas do dia. O ímpeto de evitar lugares em que o pânico possa acontecer pode ser tão forte que leva a uma condição chamada agorafobia.

Agorafobia

Embora pareça um tipo de fobia específica, a agorafobia consiste, na verdade, em evitar lugares em que pensamos *ser muito ruim entrar em pânico* (ou fazer algo constrangedor, como ter uma diarreia incontrolável). De acordo com o *DSM-5*, uma pessoa com agorafobia tende a evitar coisas como transporte público, pontes, cinemas, filas no supermercado ou simplesmente sair para passear sem uma companhia "segura" que possa ajudar se algo acontecer. Em alguns casos, a ansiedade e a esquiva são tão fortes que a pessoa deixa totalmente de sair de casa, às vezes durante anos.

Transtorno de ansiedade generalizada (TAG)

A preocupação persistente e dominante é a característica do transtorno de ansiedade generalizada. Além da preocupação excessiva e de difícil controle, coisas como dificuldade para dormir, dificuldade de concentração e constante sensação de cansaço fazem parte do transtorno de ansiedade generalizada. Embora o pânico represente uma ameaça de perigo imediato, o transtorno de ansiedade generalizada está no extremo oposto do espectro. A ansiedade se dissemina por múltiplas áreas (daí o termo "generalizada") e é vivenciada como um angustiante temor em relação a todo tipo de "hipótese". Assim que uma preocupação se resolve, logo surge outra.

Você sofre de uma determinada forma de ansiedade? A *checklist* a seguir pode ajudá-lo a ter uma noção do(s) tipo(s) de ansiedade que você pode ter, se for o caso.

A *CHECKLIST* DA ANSIEDADE

Assinale as afirmativas que descrevem você.

Categoria A

☐ Determinada situação ou coisa (p. ex., altura, sangue, cobras, voar) quase sempre me causa um medo terrível.

☐ Se possível, evito a situação ou coisa de que tenho medo.

☐ Quando não posso evitar a situação ou coisa que temo, sinto-me intensamente desconfortável.

☐ O meu medo provavelmente é mais intenso do que seria sensato, considerando o perigo real.

☐ Tenho esse medo intenso há pelo menos vários meses.

Categoria B

☐ Já tive mais de uma crise repentina de medo intenso.

☐ Durante essas crises, o meu coração se acelerou ou eu tive palpitações, suores, náusea e/ou tremores.

☐ Durante essas crises, eu senti falta de ar, calafrios ou ondas de calor, sensação de desfalecimento e/ou sensação de separação de meu corpo.

☐ Tenho me preocupado com o que possam ser essas crises e se eu vou ter novas crises.

☐ Tenho tentado evitar qualquer coisa que possa desencadear outra crise de medo intenso.

Categoria C

☐ Em geral, sinto intensa ansiedade ao usar o transporte público e/ou estar em lugares abertos, como um estacionamento.

☐ Em geral, sinto intensa ansiedade quando estou em lugares fechados (p. ex., um cinema), em meio a uma multidão, aguardando em uma fila e/ou quando saio de casa sozinho.

☐ Preocupo-me com a possibilidade de ter dificuldade em escapar dessas situações se tiver uma crise de pânico ou alguma outra crise.

☐ Quando posso, evito essas situações ou procuro conseguir que alguém em quem eu confie vá comigo.

☐ O medo que sinto provavelmente é maior do que o perigo real nessas situações.

☐ Temo essas situações há pelo menos vários meses.

Categoria D

☐ Sinto-me muito ansioso em situações em que penso poder ser julgado ou criticado, por exemplo, ao falar em público, conhecer novas pessoas ou comer em público.

☐ Temo ser humilhado publicamente e/ou ser rejeitado pelas pessoas.

☐ Evito situações sociais sempre que posso.

☐ Quando não consigo evitar uma situação social, sinto-me intensamente desconfortável.

☐ Meus temores sociais provavelmente são excessivos diante da ameaça real.

☐ Sinto intensa ansiedade em relação às situações sociais há pelo menos vários meses.

Categoria E

☐ Preocupo-me excessivamente com muitas coisas na maioria dos dias.

☐ É difícil parar de me preocupar depois que eu começo.

☐ Quando me preocupo muito, sinto-me tenso, irritável, inquieto e/ou facilmente fatigado.

☐ A preocupação dificulta a minha concentração e/ou perturba o meu sono.

☐ Sou uma pessoa preocupada há pelo menos seis meses, e talvez durante a maior parte de minha vida adulta.

Os seus sintomas se agrupam em uma ou mais categorias específicas? As categorias são:

☐ **A:** Fobia específica

☐ **B:** Transtorno do pânico

☐ **C:** Agorafobia

☐ **D:** Transtorno de ansiedade social

☐ **E:** Transtorno de ansiedade generalizada

Qualquer que seja a categoria em que os seus sintomas possam se enquadrar, este livro de exercícios fornece as ferramentas adequadas. Você poderá encontrar mais sugestões de ferramentas para lidar com a sua condição específica na seção "Recursos", no final do livro.

Foco na depressão

"De que adianta?", Bill pensa consigo mesmo quando o despertador toca novamente. Ele percebe que, definitivamente, não deveria pressionar a opção "soneca" de novo se quiser chegar ao trabalho no horário. Mas tudo o que ele queria era apenas desligar o alarme, dizer ao seu chefe que não está se sentindo bem novamente e ficar na cama o dia todo.

Com um forte suspiro, ele põe as pernas para fora da cama, pisa no chão e se senta com as mãos na cabeça, tentando reunir energia para se pôr de pé.

Bill sente como se estivesse se arrastando através da lama enquanto caminha para o banheiro. Ele costumava apreciar o seu banho matinal – agora só consegue entrar e se lavar. No café da manhã, ele consegue tomar um pequeno copo de suco de laranja; olha para as caixas de cereal em seu armário e fecha a porta.

Bill não ousa se sentar por saber como será difícil levantar-se novamente. Além disso, a sua perna ainda dói quando ele está sentado e se levanta. Há três meses, Bill quebrou a tíbia direita enquanto corria em uma trilha. Há anos ele corria com seus amigos várias vezes por semana, desfrutando o ambiente ao ar livre e a companhia. Agora ele só consegue pedalar a bicicleta ergométrica na academia enquanto se recupera.

Enquanto dirige para o trabalho, suas pernas doem toda vez que ele pisa no freio. Ele se xinga por "ser tão burro" a ponto de quebrar a perna. A sua mente divaga para outras ocasiões em que Bill sente ter feito bobagem – quando ele perdeu o arremesso do último segundo que teria empatado o jogo do campeonato de basquete da escola; o indiferente relatório de desempenho que ele recebeu no trabalho no ano passado; e, até mesmo, a vez em que ele molhou a cama em uma festa do pijama da sétima série da escola. Tudo isso parece patético. Bill suspira ao estacionar o carro e entra na empresa para mais um dia de labuta.

Bill é acometido por um episódio de depressão. Começou com a sua lesão, que resultou na perda de muitas coisas que ele ama: conquistar uma corrida difícil, passar o tempo com os amigos, desfrutar o ambiente ao ar livre. Muitas das coisas que o fazem se sentir bem, de repente, desaparecem. Quando o seu humor caiu, ele começou a acreditar em coisas negativas a seu respeito: que ele é "patético" e "inútil".

A DEPRESSÃO EM NÚMEROS

- A depressão é a **principal causa de incapacidade**, de acordo com a Organização Mundial da Saúde.
- Cerca de **350 milhões de pessoas** em todo o mundo sofrem de depressão.
- Até **25% das pessoas nos Estados Unidos** terão depressão maior no decorrer da vida.
- Assim como nos transtornos de ansiedade, as **mulheres** apresentam um risco de depressão aproximadamente **70% maior** em comparação com os homens.
- As **gerações mais jovens** são mais propensas a sofrer de depressão do que seus ancestrais.

Existem várias maneiras pelas quais a terapia cognitivo-comportamental pode interromper a "queda em parafuso" em que Bill se encontra. Uma das mais importantes consiste em procurar maneiras de substituir as fontes de alegria e realização que agora estão faltando. Na terapia cognitivo-comportamental, Bill também observará o que diz a si mesmo e verá se seus pensamentos fazem sentido. Ele realmente é patético? O fato de ter quebrado a perna significa que ele é burro? As perdas sofridas por Bill pesam sobre qualquer pessoa, mas não significam que ele tenha de ficar deprimido.

Tipos gerais de depressão

A depressão assume muitas formas. Às vezes, nem sequer percebemos que estamos deprimidos quando a condição é diferente da ideia que temos dela. O *DSM-5* separa a categoria ampla de depressão em vários tipos específicos. Vejamos alguns dos subtipos.

Transtorno depressivo maior

A forma mais comum de depressão é o transtorno depressivo maior. É o que normalmente queremos dizer ao afirmar que uma pessoa está "clinicamente deprimida" ou tem "depressão maior". A pessoa tem de se sentir "para baixo" durante a maior parte do dia *ou* perder o interesse em quase todas as atividades por, pelo menos, duas semanas. Alguém pode estar deprimido e não se sentir realmente "para baixo". O surto médio de depressão maior é de cerca de quatro meses.

Durante as mesmas duas semanas, a pessoa com depressão apresentará outros sintomas, como dormir muito mais ou muito menos do que o normal, sentir muito mais ou muito menos fome, sentir-se exausto e ter dificuldade para se concentrar ou tomar decisões.

Tendemos também a não nos sentirmos bem conosco quando estamos deprimidos – ou excessivamente culpados ou completamente inúteis. A depressão é um forte fator de risco para pensamentos suicidas e, até mesmo, para tentativa de suicídio. Uma pessoa com transtorno depressivo maior provavelmente se sente em condição de sofrimento mental e tende a ter dificuldade para realizar atividades normais.

Como existem nove sintomas de depressão e cinco são necessários para um diagnóstico de depressão maior, a condição pode parecer bastante diferente em pessoas diversas.

Transtorno depressivo persistente

O transtorno depressivo maior tende a aumentar e diminuir, mesmo sem tratamento. Depois de um ano, cerca de 80% das pessoas começam a se recuperar, de acordo com o *DSM-5*. Outras têm uma forma mais crônica de depressão chamada transtorno depressivo persistente. Como o nome indica, a pessoa tem de se sentir deprimida durante a maior parte do tempo por, pelo menos, dois anos para receber o diagnóstico, além de apresentar, pelo menos, dois outros sintomas de depressão, de modo que a condição possa ser mais branda do que o transtorno depressivo maior (que exige a presença de cinco sintomas). Como o *DSM-5* deixa claro, isso não significa que o transtorno depressivo persistente seja uma forma "leve" de depressão. Os seus efeitos negativos podem ser, no mínimo, tão importantes como aqueles da depressão maior.

Transtorno disfórico pré-menstrual

Um diagnóstico controverso foi acrescentado ao *DSM* mais recente: o transtorno disfórico pré-menstrual, ou TDPM. Essa forma de depressão ocorre antes e durante a primeira parte do período menstrual da mulher. Contrariando algumas das críticas ao diagnóstico, não se trata da mesma condição que a síndrome pré-menstrual, ou SPM. A síndrome disfórica pré-menstrual está para a síndrome pré-menstrual assim como a depressão maior está para a sensação de depressão quando o seu time favorito perde.

CAPÍTULO 2 | Entenda a ansiedade e a depressão **31**

Além de alguns dos sintomas da depressão maior, a síndrome disfórica pré-menstrual envolve também sintomas de humor volátil, irritabilidade, ansiedade, sensação de opressão e os sintomas físicos associados à fase pré-menstrual, como sensibilidade das mamas e sensação de inchaço. A mulher deve apresentar esses sintomas durante a maior parte dos ciclos menstruais para ser diagnosticada com transtorno disfórico pré-menstrual. Em determinado ano, cerca de 1-2% das mulheres em idade menstrual têm transtorno disfórico pré-menstrual.

Especificadores dos transtornos depressivos

Para complicar ainda mais as coisas, cada tipo de depressão pode ter um entre vários "especificadores", ou rótulos que nos fornecem mais informações sobre a natureza da depressão. Eis alguns desses rótulos:

Episódio isolado *versus* episódio recorrente. Algumas pessoas têm um único episódio de depressão, enquanto outras se recuperam e depois sofrem uma recidiva da condição.

Leve/moderado/grave. A depressão pode variar de controlável a completamente debilitante. Os rótulos incluem:

- **Leve**: a pessoal mal atende aos critérios de depressão e consegue lidar com a condição; esse representa apenas um entre dez casos de transtorno depressivo maior.
- **Moderado**: o transtorno depressivo maior é classificado como moderado em aproximadamente dois entre cinco casos, os quais, por definição, situam-se entre leve e grave.
- **Grave**: envolve a presença da maioria dos sintomas de depressão. A pessoa se sente infeliz e não consegue funcionar bem; o maior percentual de casos de transtorno depressivo maior é classificado como grave, com cerca de 50% de incidência.

Com desconforto de ansiedade. Pode parecer que ansiedade e depressão são condições opostas: a ansiedade é um estado de alta energia, enquanto a depressão é um estado de baixa energia. Entretanto, a depressão maior tem significativa correlação com todo tipo de diagnóstico de ansiedade, portanto, temos maior tendência a nos sentirmos ansiosos se estivermos deprimidos, e vice-versa. O *DSM-5* inclui uma categoria de depressão "com desconforto de ansiedade", o que significa que a pessoa apresenta pelo menos dois sintomas de ansiedade ou temor, por exemplo, sensação de incomum inquietação, preocupação que interfere na concentração ou receio de que algo terrível possa acontecer.

Com características melancólicas. Mesmo quando estamos deprimidos, em geral nos sentimos temporariamente melhor quando algo de bom acontece, como quando terminamos um projeto importante ou passamos o tempo na companhia de entes queridos.

MANIFESTAÇÕES FÍSICAS DA DEPRESSÃO

A melhor maneira de definir a depressão é como uma doença do corpo inteiro, e as suas manifestações físicas podem incluir:

- **Alterações no apetite:** É comum as pessoas deprimidas perderem o apetite, em geral porque a comida simplesmente não é tão gostosa. Outras apresentam *aumento* de apetite e podem ganhar peso.
- **Dificuldade para dormir:** O sono pode mudar em uma das duas direções. Algumas pessoas com depressão têm uma insônia terrível, apesar de estarem exaustas; outras dormem 12 horas por dia e ainda querem dormir mais.
- **Agitação física:** Quando uma pessoa está deprimida, ela pode ter dificuldade para ficar quieta e pode estar constantemente se agitando, movida por uma sensação interna de inquietação.
- **Lentidão:** Algumas pessoas deprimidas podem movimentar-se ou falar devagar, a ponto de os outros notarem.
- **Cicatrização mais lenta:** Vários estudos já demonstraram que a nossa capacidade de cicatrização é mais lenta quando estamos deprimidos. Por exemplo, as feridas crônicas cicatrizam mais lentamente se estivermos deprimidos, e os pacientes com depressão recuperam-se mais devagar das cirurgias de revascularização miocárdica.
- **Maior risco de morte decorrente de doença física:** Entre os pacientes com doença coronariana, por exemplo, a depressão duplica o risco de morte.

É evidente que a depressão, literalmente, não está apenas na cabeça da pessoa.

Durante uma depressão grave, pode haver uma perda total de prazer por tudo, até mesmo pelas atividades favoritas da pessoa. Uma pessoa com esse tipo de depressão pode ter "características melancólicas", que incluem também piora de humor pela manhã, despertar pelo menos duas horas mais cedo e constante perda de apetite.

Com características atípicas. Ao contrário das características melancólicas, as características atípicas incluem uma resposta positiva diante da ocorrência de coisas boas. Além disso, a pessoa apresenta *aumento* de apetite (podendo ganhar peso) e sono *excessivo*, juntamente com outros sintomas.

Com manifestação no periparto. Certamente você já ouviu falar de mulheres que tiveram "depressão pós-parto" depois de darem à luz. O *DSM-5* afirma que cerca da metade das vezes essa forma de depressão, na verdade, começa antes do nascimento do bebê. Portanto, a depressão por volta desse período é chamada "periparto", ou "próxima ao parto", e não apenas após o parto. A depressão manifestada no periparto geralmente inclui ansiedade grave. De 3-6% das mulheres sofrem de depressão com início no periparto.

Com padrão sazonal. Às vezes a depressão varia de acordo com as estações, geralmente com piora de humor no outono e no inverno, quando os dias são mais curtos, e melhora na primavera. Esse padrão é especialmente comum entre pessoas mais jovens e em latitudes mais elevadas – em Boston *versus* na Carolina do Norte, por exemplo.

Se você acha que pode estar deprimido, preencha a seguinte escala para ver os sintomas de depressão que apresenta.

A ESCALA DA DEPRESSÃO

Nas últimas duas décadas, com que frequência você se sentiu incomodado por qualquer dos seguintes problemas? Assinale o número que corresponde à sua resposta para cada item.

	Nunca	Vários dias	Mais da metade dos dias	Quase todos os dias
1. Pouco interesse ou prazer em fazer as coisas	0	1	2	3
2. Sente-se para baixo, deprimido ou sem esperança	0	1	2	3
3. Dificuldade em adormecer ou permanecer dormindo, ou sono excessivo	0	1	2	3
4. Sente-se cansado ou tem pouca energia	0	1	2	3
5. Pouco apetite ou excesso de apetite	0	1	2	3
6. Sente-se mal consigo mesmo, ou por você ser um fracasso ou por ter deixado você mesmo ou a sua família na mão	0	1	2	3
7. Dificuldade em se concentrar nas coisas, como ler um jornal ou ver televisão	0	1	2	3
8. Movimenta-se ou fala devagar, a ponto de os outros notarem; ou o contrário – está tão agitado ou inquieto que tem se movimentado muito mais do que o normal	0	1	2	3

Some cada coluna e anote os totais aqui: _____ + _____ + _____ + _____

= Total de pontos: _____

A sua pontuação total fornece uma estimativa do seu grau de depressão:

0-4 = Mínima

5-9 = Leve

10-14 = Moderada

15-19 = Moderada a grave

20-27 = Grave

A depressão pode dificultar a concentração em tarefas simples, quanto mais em um livro de exercícios. Se você estiver sofrendo de algo além de uma depressão de grau leve a moderado, procure os serviços de um profissional, além de utilizar este livro.

Neste capítulo, abordamos as várias maneiras pelas quais podemos sofrer de ansiedade: os temores específicos nas fobias, o terror do transtorno do pânico, a esquiva na agorafobia, o medo da humilhação no transtorno de ansiedade social e as intermináveis preocupações do transtorno da ansiedade generalizada. Abordamos também as diversas formas de depressão, inclusive a mais comum delas: o transtorno depressivo maior.

A vantagem é que, por mais que a ansiedade e a depressão estejam presentes, existe um conjunto de técnicas de terapia cognitivo-comportamental que podem ajudar a controlá-las. O primeiro passo no controle da ansiedade e da depressão é estabelecer objetivos claros, que será o tópico do próximo capítulo.

Por ora, reserve um tempo para anotar quaisquer reações que você tenha a este capítulo. Com que tipos de ansiedade e/ou depressão você poderia se identificar? Anote quaisquer outros pensamentos ou sentimentos que esteja tendo neste momento. No próximo capítulo, a primeira semana, você identificará os seus objetivos para este programa.

PARTE 2
Sete semanas

O restante deste livro é organizado em torno de um plano de sete semanas que se constrói semana a semana. Primeiro, trabalharemos no sentido de desenvolver um sólido plano de tratamento; depois, nos concentraremos na aplicação das habilidades de terapia cognitivo-comportamental.

Às vezes, quando estamos iniciando um novo programa, podemos nos sentir tentados a saltar determinadas partes, especialmente quando pensamos já saber o que vai e o que não vai funcionar para nós. Não ceda a essa tentação. Eu incentivo você a fazer o programa completo, inclusive cada exercício escrito. Interagindo de várias maneiras com o material apresentado a seguir – lendo, pensando, escrevendo –, você terá mais oportunidades de desenvolver e seguir um plano que lhe proporcionará um grande benefício. Além disso, quando chegar ao fim, você não precisará se perguntar se poderia ter aproveitado mais o material; você saberá que fez tudo.

SEMANA

1

Estabeleça os seus objetivos e comece

No capítulo anterior, vimos os tipos de ansiedade e depressão que as pessoas geralmente vivenciam. Embora seja útil ter um sistema para diagnosticar essas condições e entender os sintomas, não existem duas experiências iguais quando se trata de depressão e ansiedade. Mesmo pessoas que apresentam sintomas idênticos os vivenciarão de formas diferentes, de acordo com os seus históricos, personalidades e situações de vida específicas.

Por essa razão, não podemos simplesmente tirar a terapia cognitivo-comportamental da prateleira e dizer "Aqui está, faça *isto*". Temos de entender a sua situação específica, bem como onde a ansiedade e a depressão se encaixam no cenário da *sua vida*. A partir do momento em que temos um claro entendimento dos desafios, podemos descobrir as mudanças que você deseja fazer. Em outras palavras, precisamos saber quais são os seus *objetivos*. Este capítulo visa definir os seus objetivos para este programa.

– Lá vem – Phil diz consigo mesmo, reconhecendo uma sensação familiar de outonos passados: a inquietação, a baixa energia, a esquiva. Ele já começou a pular a etapa de seu exercício matinal uma ou duas vezes por semana e os e-mails de seus amigos permanecem sem resposta em sua caixa de entrada.

Sua esposa, Michelle, disse algo hoje enquanto eles tomavam o café da manhã:

– Talvez você deva consultar alguém.

Ele sabe o que ela quer dizer – consultar um terapeuta. Ele relutou em procurar ajuda profissional no passado.

No dia seguinte, Phil conversa com um bom amigo cuja esposa é psicóloga. Seu amigo recomenda um colega de pós-graduação de sua esposa, especializado em terapia cognitivo-comportamental. Phil liga para o psicólogo e marca uma consulta.

Durante a primeira consulta, o dr. Whitman conversa com Phil sobre o que o levou a buscar tratamento. Phil lhe fala sobre o seu padrão sazonal de tristeza e ansiedade. Eles conversam sobre a vida de Phil: suas relações familiares, o trabalho e os amigos, entre outras coisas. Quando o dr. Whitman pergunta quais são os seus objetivos, Phil diz:

– Eu quero me sentir melhor neste outono e inverno.

O dr. Whitman trabalha com Phil para obter mais detalhes do que seria "sentir--se melhor". De que maneira a sua vida seria diferente? Haveria coisas que ele faria com mais frequência? Phil reflete e apresenta alguns objetivos específicos como ponto de foco.

O dr. Whitman apresenta uma breve visão geral do tratamento e de como pode ajudar Phil a caminhar para os seus objetivos. Ele enfatiza que Phil já fez bastante buscando ajuda e especificando o que ele quer mudar. Phil sai da sessão com formulários e instruções para monitorar o modo como ele passa cada dia.

Naquela noite durante o jantar, Phil conversa com Michelle sobre a sessão e diz estar otimista quanto à utilidade dos trabalhos. Como parte de sua tarefa de casa, Phil e Michelle reveem juntos os objetivos dele, e ele recebe da esposa informações sobre alguns aspectos mais específicos que quer trabalhar.

O que o trouxe aqui?

Quando recebo uma pessoa pela primeira vez em meu consultório, começo perguntando o que a trouxe para a terapia. Eu o incentivaria a responder a essa pergunta também. O que compeliu você a recorrer a este livro? Há quanto tempo você convive com essas questões? Com que frequência elas aparecem? O que fez com que você decidisse que estava na hora de tomar uma atitude? Você pode ser breve neste ponto; seremos mais específicos adiante neste capítulo.

_____

_____

_____

_____

_____

_____

_____

Os seus pontos fortes

Qualquer que seja a dificuldade que estejamos enfrentando, somos mais do que as nossas lutas – também temos pontos fortes que nos ajudam a seguir em frente e podem nos levar a vencer novos desafios. Pare um instante e reflita sobre os seus pontos fortes. Em que você é bom? O que as pessoas que o conhecem mais apreciam em você? Escreva a sua resposta no espaço a seguir. Se lhe der um branco, pergunte às pessoas que têm consideração por você o que elas veem como os seus pontos fortes.

Uma avaliação

Eu gostaria que você pensasse em como a sua vida está caminhando, inclusive de que maneira a ansiedade e a depressão podem estar afetando as coisas. Escolhi seis áreas que eu avalio rotineiramente como psicoterapeuta. Consideraremos uma por uma dessas áreas. Aproveite o seu tempo. O trabalho que estamos desenvolvendo nesta semana é tão importante quanto qualquer coisa que você irá fazer neste programa.

Relacionamentos

Os relacionamentos têm um poderoso efeito sobre o seu bem-estar, para melhor ou para pior. Um casamento infeliz, por exemplo, é um forte fator preditivo de insatisfação com a vida e está, até mesmo, associado a uma natureza suicida. Por outro lado, nos momentos mais difíceis de nossas vidas, até mesmo uma relação de solidariedade pode fazer a diferença entre ser aniquilado e sair fortalecido. Vamos considerar as relações familiares e de amizade separadamente.

Família. *Phil tem uma forte relação com sua esposa, embora ele não se considere tão presente quando está deprimido e não demore a perder a paciência com ela. Ele também não tem energia para participar de atividades agradáveis com Michelle, como sair para jantar, fazer um passeio no fim de semana e até mesmo desfrutar momentos de intimidade. Ele percebe que está faltando certo brilho na relação do casal.*

Pense em como as coisas estão indo nas suas relações familiares, inclusive na sua família de origem (pais, irmãos) e, se for o caso, na família que você formou depois de adulto (cônjuge, filhos, parentes por afinidade etc.).

Considere as seguintes questões: O que está indo bem nas suas relações? Onde há dificuldades? A sua família está passando por alguma situação de grande estresse? Algum membro da família está enfrentando dificuldade, e quem poderia estar afetando toda a dinâmica familiar?

Você sente falta de alguns membros da família, que tenham saído de sua vida por terem morrido ou por outras razões? Por mais que você ame os seus familiares, almeja passar mais tempo sozinho?

Você poderia considerar também como as suas relações familiares afetam a sua ansiedade e/ou depressão. Alternativamente, quais os efeitos que a sua ansiedade/depressão tem exercido sobre a família? Anote os seus pensamentos no espaço a seguir.

Amigos. *De modo geral, Phil está satisfeito com suas amizades. Entretanto, muitos de seus bons amigos hoje têm filhos e passaram a ter menos disponibilidade. Ele tem saudade de como as coisas eram. À medida que o outono se aproxima, Phil passa menos tempo com seus amigos. A cada primavera, ele apresenta desculpas para justificar a sua falta de contato. Ele percebe que seus amigos o estão convidando menos para sair diante de seu suposto declínio.*

As pessoas variam quanto ao número de amigos de que necessitam – algumas se satisfazem com um ou dois amigos próximos, enquanto outras necessitam de uma grande rede social.

Você possui um sólido grupo de amigos? Consegue desfrutar a companhia deles tanto quanto gostaria? Por exemplo, alguns de seus amigos se mudaram para um local distante ou o relacionamento de vocês se modificou por outras razões? A sua ansiedade e depressão tiveram algum impacto nas suas amizades? Anote os seus pensamentos a seguir.

NECESSIDADES HUMANAS BÁSICAS

Uma maneira de refletir sobre os nossos objetivos é perguntando até que ponto as nossas necessidades psicológicas estão sendo satisfeitas. Inúmeros estudos já demonstraram que o ser humano necessita de três coisas:

- **Autonomia:** capacidade de decidir por si só o que fazer, sem ser demasiadamente controlado pelos outros.
- **Conectividade:** relações significativas e satisfatórias com outras pessoas.
- **Competência:** sentir que somos bons no que fazemos e capazes de colocar nossos talentos em prática.

Quanto melhor a satisfação dessas necessidades, maior a nossa satisfação de vida. Por exemplo, a alta satisfação de nossas necessidades psicológicas está ligada a sentimentos de menos vergonha, depressão e solidão. O importante é que a realização de nossos objetivos tem um significado maior para nós quando esses objetivos estão alinhados com as nossas necessidades psicológicas básicas.

Ao formular os seus objetivos, leve em consideração até que ponto cada uma dessas necessidades é satisfeita na sua vida.

Escolaridade e carreira profissional

O trabalho de Phil envolve a prestação de serviços de apoio a uma financeira. Não é uma atividade muito desafiadora e a remuneração é boa. Ele vê o seu trabalho principalmente como um "mal necessário". Ele gosta de alguns de seus colegas, mas, na maioria das vezes, as experiências são neutras ou negativas. Como Phil está se sentindo "para baixo", ele sabe que não tem sido muito eficiente em seu trabalho. Está mais lento para responder ligações e e-mails e tira licenças médicas com mais frequência.

Como estão as coisas para você na sua vida profissional, quer você trabalhe fora ou a sua ocupação básica consista em cuidar de seus filhos? Naturalmente, a depressão e a ansiedade afetam a nossa relação com o trabalho, portanto, procure considerar o seu trabalho quando estiver se sentindo bem. Você gosta dele? Você o considera significativo? Você gosta de seus colegas de trabalho? Está sobrecarregado, constantemente com a sensação de que não tem tempo suficiente para fazer tudo bem-feito? Você tem dificuldade com as demandas profissionais e domésticas? Ou está entediado no trabalho? Você acha que possui habilidades que não estão sendo exploradas? Ou, talvez pior ainda, está entediado *e* sobre-carregado?

Anote os seus pensamentos no espaço a seguir. Inclua quaisquer efeitos que a ansiedade e a depressão exerçam sobre a sua vida profissional. Por exemplo, podemos ter mais dificuldade para nos concentrar e tomar decisões, ou podemos evitar situações relacionadas ao trabalho que nos deixem ansiosos (como falar em público). Podemos até escolher uma profissão para minimizar a nossa ansiedade. Inclua também quaisquer preocupações financeiras significativas.

_____

_____

_____

_____

_____

_____

_____

Fé/significado/expansão

Quando era mais jovem, Phil achava que a vida tinha um propósito. Ele esperava fazer coisas importantes em sua carreira e prestar uma contribuição significativa para o bem-estar das pessoas. Embora nunca tenha sido formalmente religioso, ele se via como parte de uma teia interconectada da humanidade.

Ultimamente, no entanto, Phil tem se sentido menos conectado à humanidade e sente falta de um sentimento de solidariedade com os outros. À medida que sua ansiedade e depressão pioram, ele se sente desconectado das pessoas e tem dificuldade em conectar-se com qualquer coisa no mundo exterior.

O que lhe dá a sensação de propósito? Como regra geral, encontramos propósito e sentido por meio da conexão a algo maior do que nós mesmos. Muitas pessoas encontram essa conexão como membros de uma comunidade religiosa. Talvez sejamos inspirados pelos textos sagrados e pela crença em um ser divino que cuida de nós e comunga conosco.

Outros encontram um sentido de expansão – de extensão de nossa consciência e nossas conexões – no mundo natural ou por meio de um sentimento de humanidade compartilhada com os outros. Podemos encontrar o nosso lugar em um vasto universo por intermédio de nossa identidade como pais – como parte de uma cadeia contínua de fôlego e ser que se transmite à próxima geração.

Às vezes podemos ter dificuldade em encontrar um sentido de identidade e propósito. Talvez tenhamos abandonado a religião de nossa juventude ou sofrido uma grande decepção que põe em dúvida boa parte do que considerávamos sagrado.

Reserve um tempo para refletir sobre a sua fonte mais profunda de sentido e propósito. O que o motiva? Quais as suas paixões? Você vê beleza suficiente na sua vida? Você tem uma nítida sensação de conexão com o que lhe é mais importante?

_____

_____

_____

_____

_____

_____

_____

_____

"Não existe mágica em relação à mudança; é uma questão de trabalho árduo. Se os clientes não agirem em seu próprio favor, nada acontece."

– Gerard Egan, PhD, The Skilled Helper [O ajudante qualificado]

Saúde física

O dr. Whitman faz várias perguntas a Phil sobre a sua saúde geral, os seus hábitos alimentares, o seu grau de atividade física e as substâncias (como álcool) que ele consome regularmente. Phil estabelece correlações entre o seu estado físico e o seu estado mental. Quando se exercita com regularidade, ele se sente mentalmente forte e mais otimista. Quando bebe demais ou não dorme o suficiente, o seu humor sofre as consequências. Ele observa também que a sensação de ansiedade e depressão pode levá-lo a comportamentos que o fazem sentir-se pior.

Mais do que nunca, existe hoje maior reconhecimento da independência da mente e do corpo, com a mente afetando a "máquina" e vice-versa. Reserve um tempo para refletir sobre a sua saúde física.

Saúde geral. Você convive com algum problema crônico de saúde, como hipertensão ou diabetes? Você se preocupa com a sua saúde física? Como é a sua relação com o seu corpo?

Atividade física. Você pratica uma atividade física regular de que goste? Ou o exercício lhe parece uma tarefa desagradável? Existem formas de movimento de que você goste, como dançar ou caminhar com os amigos, e que não pareçam "exercício"?

Drogas e álcool. Que papel o álcool ou outras substâncias que alteram o humor têm na sua vida? Você já teve problemas com o uso de drogas ou álcool? Alguém já "pegou no seu pé" por isso ou lhe disse para moderar?

Comida. Considere quaisquer problemas que você possa ter relacionados à comida. Você come rotineiramente por tédio ou para mudar o seu humor? Você tem dificuldade para comer o suficiente, ou por falta de interesse pela comida ou por medo de "engordar"?

_____

_____

_____

_____

_____

_____

_____

Sono. A falta de sono torna tudo mais difícil. Como você tem dormido? Demais? De menos? Alguma dificuldade em adormecer ou permanecer dormindo? Você geralmente acorda muito antes do seu despertador e não consegue voltar a dormir? Considere qualquer outra coisa que possa afetar o seu sono – crianças, animais de estimação, vizinhos, um cônjuge que ronque, horário de trabalho difícil etc.

_____

_____

_____

_____

_____

_____

_____

Lazer/relaxamento

Quando está se sentindo bem, Phil faz muitas coisas em seu tempo livre: ler, frequentar eventos esportivos, praticar mountain bike, brincar com o seu cachorro. Ele abandonou muitas atividades em invernos passados, passando a dedicar muito tempo à leitura de listas online ou a assistir vídeos no YouTube – coisas pelas quais ele nem se interessa.

Phil conversa com o dr. Whitman sobre as coisas que mais lhe fazem falta. Ele se sente "empacado": por um lado, gostaria de retornar às suas atividades favoritas; por outro, é difícil encontrar energia e motivação para isso.

Todos nós precisamos de momentos em que possamos relaxar e descontrair. Muitas coisas podem minar a nossa capacidade de nos divertirmos e "recarregarmos" as energias: um trabalho muito exigente, bicos para equilibrar o orçamento, problemas de saúde, o trabalho de pai/mãe – sem falar na ansiedade e na depressão.

O que você gostaria de fazer no seu tempo livre? Você está constantemente "ligado" ou há momentos em que consegue relaxar? Existem coisas que você gostaria de fazer mais? Pense na última vez que você se sentiu relaxado – o que estava fazendo? Você aprecia determinados *hobbies* ou passatempos? Ou os seus *hobbies* parecem um segundo emprego, e não uma pausa restauradora? Você acha que, como Phil, você desperdiça o seu tempo livre em coisas que não proporcionam verdadeiro prazer?

A ansiedade e a depressão têm afetado o seu prazer e a sua participação em *hobbies* e passatempos?

Responsabilidades domésticas

– Eu vou fazer isso – Phil diz a Michelle. Há semanas ele diz a ela que irá arrumar a garagem. Ultimamente, eles têm precisado estacionar na entrada da garagem, tamanha a bagunça. Ele se sente mal com isso, mas não tem tido energia ou motivação para começar.

Todos nós temos responsabilidades em casa, como limpar, comprar e preparar a comida, pagar as contas, cortar a grama e tirar o lixo. Você consegue cuidar de suas responsabilidades diárias? Existe algum problema entre você e a(o) sua(seu) parceira(o) ou companheira(o) de moradia em relação à divisão das tarefas? Anote a seguir quaisquer questões relevantes.

_____

_____

_____

_____

_____

_____

_____

Caso quaisquer outras questões importantes não tenham sido incluídas nas categorias anteriores, anote-as neste espaço.

_____

_____

_____

_____

_____

_____

_____

Revisão

Agora, reserve um tempo para reler cuidadosamente o que você escreveu para cada setor de sua vida. Como você se sente ao ler cada seção? Feliz? Oprimido? Ansioso? Grato? Sublinhe as parte que se destacam como as mais importantes em cada área. Retornaremos a essas passagens mais tarde.

Quais os seus objetivos?

Estamos agora em condição de começar a definir os seus objetivos específicos. O que você deseja que tenha mudado na sua vida a partir do final dessas sete semanas? Por exemplo, Phil elaborou a seguinte lista:

1. Sentir-me menos ansioso e deprimido.
2. Ir regularmente para o trabalho.
3. Exercitar-me regularmente.
4. Passar mais tempo com os amigos.
5. Ter a energia e o interesse necessários para ser o marido que desejo ser.

Utilize as partes que você sublinhou como orientação para estabelecer os seus próprios objetivos. Além do modo como você deseja se sentir, pense em outras formas de mudança na sua vida, incluindo atividades específicas que queira desempenhar.

Lembre-se de que esses objetivos são *seus* – não o que você pensa que outra pessoa queira para você. Eles precisam consistir em algo que você valorize. Não há um número "certo" de objetivos, mas algo entre três e seis objetivos normalmente funciona bem. Anote os seus objetivos na seção "Anotações", contida no final deste livro, ou em uma folha de papel separada.

O registro do seu tempo

Em preparação para a próxima semana, precisaremos de um criterioso registro de como você está passando os seus dias. Ao final deste capítulo, você encontrará o formulário "Atividades diárias". Na página seguinte, há um formulário de amostra preenchido. Cada fileira representa uma hora. Na coluna "Atividade", basta anotar o que você fez durante esse tempo. Seja breve e simples. Obviamente, os nossos dias não são rigorosamente divididos em blocos de uma hora, portanto faça o melhor que puder.

SEMANA 1 | Estabeleça os seus objetivos e comece **53**

Registraremos também até que ponto você desfrutou cada atividade e a importância dessas atividades para você. Lembre-se de que a elaboração das escalas de classificação de prazer e importância cabe exclusivamente a você – mais ninguém pode decidir o que você aprecia ou considera importante.

Por fim, você irá classificar o humor geral para cada dia em uma escala de 0 a 10, na qual 0 significa muito ruim e 10 muito bom.

Programe-se para preencher o formulário no mesmo dia em que realiza as atividades, seja ao final ou no decorrer do dia. Se esperar até o dia seguinte ou mais tarde, você esquecerá informações importantes.

Atividades diárias

Data de hoje: _____

Hora	Atividade	Prazer (0-10)	Importância (0-10)
08h00-09h00	Dormir	–	8
09h00-10h00	Na cama, acordado	2	0
10h00-11h00	Na cama, acordado	2	0
11h00-12h00	Café da manhã com Michelle	5	7
12h00-13h00	Leitura de listas na internet	2	0
13h00-14h00	Assistir jogo de golfe	4	3
14h00-15h00	Assistir jogo de golfe	4	3

Atividades diárias

Data de hoje: _____

Horário	Atividade	Prazer (0-10)	Importância (0-10)
5h00–6h00			
6h00–7h00			
7h00–8h00			
8h00–9h00			
9h00–10h00			
10h00–11h00			
11h00–12h00			
12h00–13h00			
13h00–14h00			
14h00–15h00			
15h00–16h00			
16h00–17h00			
17h00–18h00			
18h00–19h00			
19h00–20h00			
20h00–21h00			
21h00–22h00			
22h00–23h00			
23h00–00h00			
00h00–1h00			
1h00–2h00			
2h00–3h00			
3h00–4h00			
4h00–5h00			

A classificação de meu humor para o dia (0-10): _____

SEMANA 1 | Estabeleça os seus objetivos e comece **55**

O trabalho que você fez nesta semana esclareceu como a ansiedade e a depressão estão afetando a sua vida e quais as mudanças que você deseja fazer. Durante o restante do programa, estabeleceremos pequenos objetivos que o ajudarão a caminhar em direção aos seus objetivos gerais e maiores.

Reveja a sua lista de objetivos várias vezes nesta semana para ver se você quer acrescentar algo. Tire um instante para colocar lembretes no seu calendário, ou para colocar uma cópia dos seus objetivos em algum lugar em que você possa vê-la todos os dias. É fácil passar uma semana sem retornar a essa tarefa.

Lembre-se de preencher o formulário "Atividades diárias" para **quatro dias** na semana seguinte.

Você pode também planejar agora para quando for se ocupar da segunda semana, quando começarmos a tarefa de caminhar para a realização de seus objetivos e o retorno à vida normal.

Reserve alguns minutos para anotar no espaço a seguir os seus pensamentos, sentimentos e quaisquer preocupações que você possa ter.

_____

_____

_____

_____

_____

_____

_____

_____

_____

Plano de atividades

1. Reveja a sua lista de objetivos várias vezes.
2. Planeje um horário específico para fazer a segunda semana.
3. Preencha o formulário "Atividades diárias" para quatro dias.

SEMANA

2

Retorno à vida

Na semana passada, você realizou o trabalho crucial de descobrir as mudanças que deseja fazer. No decorrer da semana, as suas tarefas consistiram em rever os seus objetivos de tratamento e monitorar a maneira como você está passando o seu tempo. Agora está na hora de colocar o plano em prática.

– Talvez eu deva simplesmente tomar um sorvete – diz Kat consigo mesma enquanto amarra o cadarço de seu tênis para ir correr. A sua motivação atualmente anda lá embaixo, e o calor do verão torna a corrida ainda menos agradável.

Em janeiro, Kat saiu de um relacionamento que ela deveria ter terminado muito antes. Ela sabe que tomou a decisão certa, mas isso em nada facilita o fato de estar só. Ela sempre pensou em estar casada e ter uma família até os trinta e poucos anos. Agora se preocupa com a possibilidade de nunca encontrar a pessoa certa, e que logo seja tarde demais para constituir família.

Kat conheceu Cal no último ano de seu curso de pós-graduação e o acompanhou depois que se formou, há três anos. Ele teve uma boa proposta de emprego em Boston, não muito longe de onde ele cresceu. Kat era de Seattle e estava feliz por se mudar com ele e conhecer uma nova região do país. Os amigos de Cal agora eram seus amigos e ela estava feliz por ter uma rede social já pronta, visto que tinha facilidade para conhecer novas pessoas.

O rompimento do relacionamento foi amigável, e os amigos comuns dos dois diziam estar felizes por não terem precisado "tomar partido", já que eles eram "muito amigos tanto de Cal quanto de Kat". Contudo, meses depois, Kat raramente tinha notícias de qualquer um deles e com frequência via postagens nas redes sociais sobre coisas divertidas que Cal estava fazendo com os amigos "dele". Ela se sentia cada vez menos inclinada a tomar a iniciativa de procurá-los. – Eles provavelmente estão felizes por não terem mais a minha companhia – ela dizia consigo mesma.

Kat percebe que não tem vontade de fazer quase nada. Ela continua indo para o trabalho, que é bom, mas não exatamente o emprego de seus sonhos, e se obriga a correr uma vez por semana. A única coisa que ela aguarda ansiosamente é a hora de tomar sorvete e sentar-se em frente à TV. Pelo menos nesses momentos, ela consegue se desligar da vaga inquietação que sente durante a maior parte do tempo. Há semanas, ela tem dito que "está na fossa", e hoje, pela primeira vez, ela reconhece para si mesma: – Estou deprimida.

Podemos ver na situação de Kat muitos dos elementos da ansiedade e da depressão. O seu humor está baixo durante a maior parte do tempo, ela está preocupada com o futuro e começa a pensar de forma mais negativa a seu próprio respeito. Suas atividades lhe proporcionam pouca alegria ou satisfação, e ela tem pouca motivação para fazer o que aprecia.

Muitas pessoas que vêm a mim em busca de tratamento descrevem situações de vida que lembram a de Kat. Na realidade, as circunstâncias dessas pessoas parecem muito o que criaríamos para uma pessoa *se quiséssemos deixá-la deprimida*: altos níveis de estresse, baixa recompensa e compromisso mínimo. Quando a pouca energia que temos é despendida em coisas que não compensam, continuamos a nos exaurir em nível mental, emocional e espiritual.

Neste programa, como em muitos programas de terapia cognitivo-comportamental, começaremos nos obrigando a fazer mais das coisas que consideramos recompensadoras – parte do aspecto "comportamental" da terapia cognitivo-comportamental.

Por que começar pelo comportamento?

A terapia cognitivo-comportamental aborda tanto os pensamentos como o comportamento. Poderíamos começar com qualquer um dos dois, mas a terapia cognitivo-comportamental geralmente começa tratando do comportamento. E por quê?

Primeiro, porque o comportamento tende a ser o ponto de partida mais objetivo. Fazer mais daquilo que gostamos não é complicado. Isso não significa dizer que seja fácil, mas é relativamente simples, e a abordagem mais simples em geral é o melhor ponto de partida.

POR QUE ESTOU DEPRIMIDO?

Nem sempre sabemos a causa de nossa depressão. Felizmente não precisamos descobri-la antes de começarmos a nos sentir melhor. Na realidade, estudos conduzidos pela falecida Susan Nolen-Hoeksema e seus colaboradores constataram que, se passarmos tempo demais tentando nos "aprofun-

> dar" na busca da razão pela qual estamos deprimidos, podemos, na verdade, nos sentir pior, uma vez que a nossa mente começa a ruminar de forma contraproducente. A maneira mais rápida de nos sentirmos melhor e ficarmos melhor é *fazendo aquilo que nos faz sentir bem*.

Segundo, as pesquisas já demonstraram que existe um grande efeito do tipo "relação custo-benefício" em ser mais ativo. Em outras palavras, um pequeno investimento na mudança de comportamento pode ajudar muito. A participação nos tipos certos de atividade tende a ter um efeito antidepressivo.

Por fim, a mudança de comportamento pode promover mudanças em nosso pensamento. Por exemplo, poderíamos acreditar, como Kat, que "ninguém quer realmente passar tempo em minha companhia". Uma forma rápida de testar essa crença é perguntar aos nossos amigos se eles querem se reunir. Quando eles (provavelmente) dizem "sim", temos a evidência de que as pessoas realmente gostam de nós o suficiente para passar esse tempo conosco.

O método de tratamento em que nos concentraremos neste capítulo chama-se ativação comportamental. Embora geralmente descrita como um tratamento para a depressão, essa abordagem pode reduzir a ansiedade também.

O que eu devo fazer?

Muitas coisas podem levar à depressão, como as perdas (emprego, relações) e os altos níveis de estresse. Qualquer que seja a causa, a partir do momento em que nos sentimos "para baixo", tendemos a nos desligar ainda mais das coisas que nos fazem sentir bem. Consequentemente, os nossos recursos mentais, emocionais e físicos não são repostos. O nosso "saldo", por assim dizer, está devedor.

Quando participamos dos tipos certos de atividade, sentimo-nos melhor. Mas o que torna uma atividade "certa"? A resposta é simplesmente que essa atividade precisa ser recompensadora para você – tem de lhe oferecer algo que você valorize. Se disséssemos simplesmente "Faça isto e você deixará de se sentir deprimido", poderíamos estar lhe dizendo para fazer algo que não lhe interesse. Já é difícil fazer o que gostamos quando estamos deprimidos e ansiosos, quanto mais atividades que não nos interessam, ou às quais temos aversão.

Os criadores da ativação comportamental determinaram que as atividades que você planeja têm de provir dos seus valores, como descrito em um manual de tratamento elaborado por Carl Lejuez e seus colegas autores. Dentro desse contexto, o termo "valores" não tem implicação moral ou ética, embora os seus valores possam incluir moralidade e ética. Nesse caso, os seus valores são qualquer coisa que você aprecia, ama ou tem satisfação em fazer.

Assim como acontece com os objetivos, você é a única pessoa que pode decidir quais são os seus valores. Os valores que você articula, nesse caso, precisam se identificar com você. Em geral, baseamos nossos valores no que *achamos* que deve ser importante para nós – talvez confiando no que nossos pais nos diziam, ou no que achamos que a sociedade espera de nós. Em vez disso, nossos valores devem ser baseados no que nos proporciona prazer ou satisfação, no que nos dá uma sensação de maestria ou realização e que demonstra valer a pena.

E uma boa notícia: você já refletiu muito sobre esses tipos de valores durante o trabalho que fez na semana passada. Vamos tomar aquele trabalho como base para a definição dos seus valores.

> **O QUE VEM PRIMEIRO: FAZER MAIS OU SENTIR-SE MELHOR?**
>
> Quando estamos nos sentindo "para baixo" ou "empacados", geralmente nos tornamos menos ativos: não temos vontade de nos socializar, exercitar, cuidar do espaço em que vivemos e assim por diante. Podemos nos ver em um dilema: não nos sentiremos melhor enquanto não fizermos mais coisas, e não faremos mais coisas enquanto não nos sentirmos melhor. Em geral, dizemos a nós mesmos que nos tornaremos mais ativos quando começarmos a nos sentir melhor. A terapia cognitivo-comportamental adota a abordagem inversa, já que geralmente temos mais controle sobre as nossas ações do que sobre os nossos sentimentos. Se esperarmos até nos sentirmos suficientemente bem para nos tornarmos mais ativos, a espera poderá ser longa.

O que é importante?

Kat notou a sua tendência a seguir "o caminho da menor resistência" diante de oportunidades que enriqueceriam a sua vida. Por exemplo, alguns de seus colegas de trabalho a convidaram para sair com eles no último sábado à noite. Kat queria ir e achava que seria interessante a oportunidade de conhecer seus colegas em um ambiente mais informal. Ao mesmo tempo, ela estava ansiosa em relação ao encontro: Ela iria se divertir? Teria coisas interessantes a dizer? Os seus colegas de trabalho a achariam conservadora? As suas opções eram as seguintes:

As opções de Kat

Quando a noite de sábado chegou, Kat acabou enviando uma mensagem de texto à sua colega de trabalho para dizer que "não estava se sentindo bem" e que não poderia ir. E em vez de sair, ela ficou vendo TV com o seu gato e tomando sorvete. Naquela noite, ela se sentiu aliviada. Mas, na manhã de segunda-feira, sentiu-se solitária e envergonhada ao ouvir seus colegas recordando os acontecimentos da noite de sábado. – Eu deveria ter ido – ela pensou consigo mesma.

Assim como Kat, geralmente somos recompensados em curto prazo por fazer coisas que não fazem parte de nossos interesses em longo prazo. Embora a sensação de passar a noite em casa tenha sido melhor para Kat *naquela noite*, isso não a impulsionou em direção aos seus objetivos de ser mais ativa e ampliar a sua rede social, além de tê-la deixado se sentindo mal consigo mesma por não enfrentar os seus temores.

Como podemos criar atividades que detenham a recompensa de curto prazo que obtemos aos nos esquivarmos e aumentem a nossa recompensa de longo prazo por fazermos coisas pelas quais realmente nos interessamos?

Existem três passos principais:

1. Decidir o que você valoriza nas áreas que examinamos na semana passada.
2. Descobrir atividades que se enquadrem em cada um desses valores.
3. Planejar e realizar atividades específicas.

Um exemplo de valor e de algumas atividades correspondentes poderia ser:

Valor: embelezar a minha situação de vida.

- **Atividade:** capinar o canteiro do jardim da frente.
- **Atividade:** plantar flores.
- **Atividade:** comprar flores cortadas.

Na próxima seção, veremos como esclarecer os nossos valores.

Valores

Observe, no exemplo anterior, que os valores não têm um ponto-final. Não há um momento em que dizemos ter "concluído" o embelezamento de nossa situação de vida. Os valores podem estender-se por toda a nossa vida. As atividades, por outro lado, são específicas e têm início e fim, embora possam ser repetidas tantas vezes quantas desejarmos.

Utilizando o formulário "Valores e atividades" que começa na próxima página, anote alguns dos seus valores sob cada área da vida. Há três espaços sob cada área, então você pode apresentar mais ou menos valores para cada uma. Tenha em mente o seguinte: os seus valores não precisam ser "pesados" ou radicais. Qualquer coisa que melhore a nossa vida é um valor. (Por enquanto, deixe as atividades em branco.)

FORMULÁRIO DE VALORES E ATIVIDADES

Relações

Valor: _____

    Atividade: _____

    Atividade: _____

    Atividade: _____

Valor: _____

    Atividade: _____

    Atividade: _____

    Atividade: _____

Escolaridade/carreira profissional

Valor: _____

    Atividade: _____

    Atividade: _____

    Atividade: _____

Valor: _____

    Atividade: _____

    Atividade: _____

    Atividade: _____

Fé/expansão/significado

Valor: _____

    Atividade: _____

    Atividade: _____

    Atividade: _____

Valor: _____

    Atividade: _____

    Atividade: _____

    Atividade: _____

Saúde física

Valor: _____

    Atividade: _____

    Atividade: _____

    Atividade: _____

Valor: _____

    Atividade: _____

    Atividade: _____

    Atividade: _____

Lazer/relaxamento

Valor: _____

    Atividade: _____

    Atividade: _____

    Atividade: _____

Valor: _____

    Atividade: _____

    Atividade: _____

    Atividade: _____

Responsabilidades domésticas

Valor: _____

    Atividade: _____

    Atividade: _____

    Atividade: _____

Valor: _____

    Atividade: _____

    Atividade: _____

    Atividade: _____

Alguns dos seus valores poderiam enquadrar-se em diferentes áreas. Por exemplo, "Passar o tempo na companhia dos amigos" poderia enquadrar-se sob relações ou lazer/relaxamento. Quando isso acontecer, escolha aquele que faça mais sentido para você; caso você não consiga decidir, simplesmente escolha um de forma aleatória. Afinal, o importante é descobrir e realizar as atividades, não a maneira como as classificamos.

Você provavelmente não irá terminar de identificar os seus valores agora. Reflita por alguns minutos sobre cada área e apresente uma lista inicial. Você a complementará mais tarde, no decorrer da semana.

Atividades

Agora está na hora de pensar nas atividades que correspondem a cada valor. Essas atividades podem ser coisas tão agradáveis como importantes – por exemplo, ir a um parque com a sua família. Outras atividades podem ser altamente prazerosas e ter pouca importância, como assistir a um bom filme. Muitas responsabilidades diárias têm grande importância e não proporcionam muito prazer, como lavar a louça. Esses exemplos são apenas ilustrativos – você é quem irá decidir o que é prazeroso e importante.

> *"A chave para uma vida livre de depressão consiste em desenvolver padrões mais saudáveis de comportamento em que cada dia contenha atividades importantes e/ou prazerosas que o ajudem a se sentir realizado e a ter a sensação de que a sua vida tem um propósito."*
>
> *– Carl W. Lejuez et al., 2011, p. 123*

As atividades com baixo grau de satisfação e importância são, por definição, aquelas que não correspondem aos seus valores. Assim como acontece com os valores, as atividades que você escolhe não precisam ser "épicas". Na realidade, é melhor que não sejam – não precisamos de gestos grandiosos quando estamos deprimidos e ansiosos, mas apenas de passos pequenos e simples. Por exemplo, a lista preenchida de Kat correspondente à saúde física seria a seguinte:

Formulário "Valores e atividades" preenchido de Kat

Saúde física

Valor: Apreciar comida boa

> **Atividade:** Receber uma amiga em casa para tomar um sorvete caseiro

> **Atividade:** Planejar as refeições para a semana

> **Atividade:** Comprar pão, queijo e frutas e almoçar às margens do rio

Valor: Sentir-me em forma e forte

> **Atividade:** Ir para a cama, no máximo, até as 22 horas

> **Atividade:** Frequentar uma academia com piscina perto de meu apartamento

> **Atividade:** Fazer treinamento intervalado de alta intensidade com um vídeo da internet

Observe que as atividades de Kat são *específicas* a ponto de ela saber quando as realizou, e não objetivos vagamente definidos como "entrar em forma" ou "aprender a cozinhar". As atividades demasiadamente vagas podem parecer ingerenciáveis, o que pode reduzir a sua motivação para realizá-las. Além disso, as atividades vagamente definidas não nos dão uma noção clara de quando as concluímos; em vez de ter uma sensação de realização, alimentamos o incômodo sentimento de que "há sempre mais que eu poderia fazer". Quando definimos atividades claras e gerenciáveis, temos mais probabilidade de concluí-las e de nos sentirmos bem por tê-las realizado.

Você não precisa apresentar atividades totalmente novas; inclua aquelas que você já está fazendo se quiser praticá-las com mais frequência. Essas atividades podem servir como um bom ponto de partida à medida que você incorpora outras mais recompensadoras à sua programação. Além disso, não se sinta pressionado a concluir as suas listas de atividades agora. Reserve um tempo para fazer um *brainstorm* de algumas atividades para cada domínio da vida. É bom começar a lista e retornar a ela mais tarde. É muito provável que você tenha mais ideias quando retornar a elas mais adiante no decorrer da semana.

O PACTO DE ULISSES

No poema épico de Homero, *A Odisseia*, Ulisses queria ouvir o canto das sereias. Entretanto, quem ouvisse as sereias cantarem seria envolvido de forma irresistível, "mortalmente enfeitiçado pela doçura de seu canto". Obviamente, Ulisses não queria morrer para ouvir o canto das sereias. Então, ele ordenou aos seus tripulantes que o amarrassem com cordas ao mastro de seu navio e mandou também que eles tampassem os ouvidos com cera para que não pudessem ouvir o canto. Ulisses os instruiu: – Se eu implorar e orar para que vocês me libertem, amarrem-me mais forte ainda.

Ulisses se antecipou e viu uma situação que o poria à prova. Ele não acreditava em sua pura força de vontade – ele sabia que ela não seria suficiente quando fosse posto à prova. Por isso, ele implementou um plano que o impediria de fazer o que sabia que não deveria fazer.

Essa metáfora é perfeita para a terapia cognitivo-comportamental. Em geral, sabemos antecipadamente o que irá nos desafiar a abandonar nossas intenções. Munidos desse conhecimento, podemos organizar nossa vida de maneira a dificultar a execução daquilo que não é bom para nós. Por exemplo, se tivermos um parceiro de exercício que nos encontre na academia, a probabilidade de "desistirmos" no último minuto quando temos vontade de desligar o despertador às 5h30 é menor.

Procure oportunidades na sua própria vida para praticar essa abordagem, a fim de aumentar as suas chances de fazer o que você quer fazer.

Reveja o formulário "Atividades diárias"

Com os princípios das atividades desta semana em mente, dedique um tempo à revisão do seu formulário "Atividades diárias" da semana passada. O que você observa? Com que frequência você tem realizado atividades que lhe são prazerosas e importantes? Existem lacunas durante o dia, momentos em que você não está muito ocupado? Ou, pelo contrário, todo instante está praticamente repleto de atividades, a ponto de não sobrar tempo para aproveitar a vida?

Tire um instante agora para anotar as suas observações e sentimentos sobre as suas atividades recentes:

_____

_____

_____

_____

_____

_____

_____

_____

_____

_____

_____

_____

_____

Por onde começar?

Agora que você já fez a sua lista de atividades baseadas em valores, podemos descobrir por onde começar. Dê uma olhada na sua lista de atividades e coloque o número 1, 2 ou 3 ao lado de cada uma delas, com base no grau de dificuldade de cada uma. As atividades mais fáceis receberão o número 1 e representam aquilo que você provavelmente já está fazendo ou poderia fazer sem muita dificuldade. Atribua o número 3 a uma atividade cuja execução seja difícil de imaginar neste momento. Àquelas que se enquadram em um nível de dificuldade intermediário, atribua o número 2.

Como em toda terapia cognitivo-comportamental, esta parte do programa será progressiva. Você começará trabalhando as atividades indicadas com o número 1. Para esta semana, escolha três das atividades mais fáceis que mais lhe interessem. Normalmente, é recomendável que essas atividades sejam oriundas de diferentes áreas da vida, a fim de lhe oferecer várias opções recompensadoras.

Anote nos espaços a seguir as atividades que você escolheu.

Atividade 1:

_____

Atividade 2:

_____

Atividade 3:

_____

No espaço à esquerda de cada atividade, anote o dia em que você a realizou. Em seguida, em um formulário em branco de atividades diárias, anote a atividade no bloco de tempo em que você pretende realizá-la. Faça o mesmo para as outras duas atividades, com um dia (e um formulário) separado para cada uma.

Na próxima semana, continue monitorando as suas atividades diárias nos dias para os quais as suas atividades específicas estiverem programadas.

Aumente as suas chances

Ao ver as atividades que você planejou para esta semana, pense cuidadosamente no que poderia atrapalhar cada uma. Embora não possamos garantir que faremos aquilo que planejamos, podemos favorecer as suas chances.

Uma das melhores maneiras de aumentar as suas chances é tornar a atividade gerenciável. Qualquer pequeno passo na direção certa é melhor do que um grande passo não dado. Por exemplo, uma das atividades de Kat era frequentar uma academia com piscina. Enquanto ela se planejava para isso, no entanto, percebeu que essa tarefa lhe parecia desanimadora: "Que academia?" "Onde estão os meus óculos de natação?" "Eu não tenho um maiô que me agrade" – e assim por diante. Kat fez de cada um desses obstáculos – escolher uma academia, procurar os óculos e comprar um maiô – a sua própria atividade. É difícil superestimar o valor do ímpeto, portanto torne as atividades tão simples quanto necessárias para não "deixar a peteca cair".

BENEFÍCIOS DO EXERCÍCIO PARA A ANSIEDADE E A DEPRESSÃO

Muitos estudos constataram que incorporar exercícios regulares à rotina de uma pessoa produz um efeito positivo sobre a depressão e a ansiedade. O efeito equivale aproximadamente ao dos medicamentos antidepressivos. Não é de surpreender, portanto, que os benefícios diminuam se a pessoa parar de se exercitar.

O exercício mais intenso tende a ser mais benéfico, embora não pareça importar que seja aeróbio (p. ex., corrida ou ciclismo) ou anaeróbio (p. ex., levantar pesos).

Existem várias explicações para os possíveis benefícios do exercício para a nossa saúde psicológica:

- O exercício tende a melhorar o sono, e um sono melhor ajuda em quase tudo.
- O exercício pode nos desviar de pensamentos negativos. Quando estamos nos exercitando fisicamente, é difícil nos concentrarmos em nossos problemas.
- O exercício pode propiciar um contato social positivo se estivermos nos exercitando com outras pessoas.
- O exercício pode nos dar uma sensação de satisfação por termos feito algo de bom para nós mesmos.

Qualquer que seja a razão, o exercício regular pode ser uma parte importante de um plano de tratamento para a depressão e a ansiedade.

Você pode se beneficiar também se considerar cuidadosamente o "valor de recompensa" de cada atividade que planejar. Se a atividade não for prazerosa na hora, ela precisa lhe proporcionar alguma satisfação depois de realizada. Caso contrário, essa atividade provavelmente estará inserida na categoria "não vale a pena fazer".

Sempre que possível, programe um horário específico para a prática da atividade e proteja esse horário. Sem um horário reservado, podemos facilmente cair na armadilha do "Eu faço isso mais tarde". Quando podemos sempre fazer algo amanhã, é menos provável que o façamos hoje (ou amanhã).

Por fim, procure criar o compromisso de prestar contas. A prestação de contas pode ser tão simples quanto dizer a alguém que vamos fazer algo, por exemplo, avisar ao seu cônjuge: "Eu vou correr pela manhã". Nós sabemos que, se não formos, provavelmente seremos cobrados. O fato de manter o controle de suas atividades durante este programa também o ajudará a prestar contas – para si mesmo – do seu rendimento.

Resumindo, é mais provável que realize as suas atividades planejadas quando você:

1. Torna cada atividade específica e gerenciável.
2. Torna cada atividade prazerosa e/ou importante.
3. Programa um horário específico para cada atividade.
4. Incorpora a prestação de contas ao seu plano.

Acrescente a seguir quaisquer outros fatores que você saiba que são úteis para você; por exemplo, concentrar-se em uma tarefa de cada vez para evitar sentir-se sobrecarregado.

Bom trabalho – você está agora há duas semanas neste programa. Você estabeleceu os seus objetivos e deu um grande passo ao determinar as atividades que enriquecerão a sua vida. Você dividiu a sua lista de atividades em fácil, moderada e difícil e escolheu três atividades para serem realizadas em horários específicos nesta semana.

Este programa tem por objetivo ajudar você a pensar e agir de maneiras que o conduzam ao encontro de seus objetivos. No próximo capítulo, começaremos identificando os seus padrões de pensamento. Tire um instante agora para elaborar o seu cronograma para a terceira semana.

No espaço a seguir, reflita sobre o que lhe chama a atenção em relação ao trabalho desta semana. Quais os principais ensinamentos extraídos? Há algo que não tenha ficado totalmente claro, sobre o qual você necessite de mais tempo para pensar? Observe como você está sentindo no momento e também em relação à semana que está por vir. Até a terceira semana.

Plano de atividades

1. Realize as suas três atividades nos horários programados.
2. Continue fazendo o controle de suas atividades diárias nos dias para os quais elas estão programadas.
3. Termine de preencher os formulários "Valores e atividades" que você começou.

SEMANA

3

A identificação dos seus padrões de pensamento

No capítulo anterior, você começou a identificar o que valoriza nas principais áreas de sua vida e as atividades que respaldam cada um desses valores. Você optou então por participar de três atividades. Nesta semana, começaremos revendo como as suas atividades se desenvolveram e, em seguida, passaremos a identificar os seus padrões de pensamento.

Tire alguns instantes para rever como as suas três atividades decorreram. O que foi bem? O que poderia ter sido melhor? Anote os seus pensamentos na seção de anotações fornecida no final do livro.

Atividade 1:

_____

Atividade 2:

_____

Atividade 3:

_____

Quais os seus pensamentos e sentimentos em relação ao planejamento e à realização de atividades específicas até agora?

_____

_____

_____

_____

_____

_____

_____

_____

_____

_____

_____

_____

_____

Uma resposta comum nesse ponto do programa é: "Eu fiz as minhas atividades, mas não me senti melhor". Se isso aconteceu com você, parabéns. Isso significa que você se ateve ao seu plano. Se você *realmente* se sentiu mais animado com aquilo que planejou, ótimo. De qualquer modo, continue.

Este capítulo é como começar um regime de exercícios – os primeiros exercícios serão difíceis e você não perceberá nenhum benefício de imediato. Da mesma maneira, é improvável que o acréscimo de algumas atividades faça uma grande diferença em curto prazo. Se você continuar, as chances são de que você comece a notar a diferença.

Como você fez na semana passada, escolha as atividades para realizar na semana que vem. Na semana passada, você programou três. Nesta semana, escolha *quatro* atividades. Você pode repetir uma atividade da semana passada se precisar revê-la, mas procure acrescentar algumas novas. É preciso praticar para encontrar atividades equilibradas entre desafiadoras e gerenciáveis. Concentre-se naquelas a que você atribuiu o número 1, a menos que você tenha certeza de que é capaz de realizar uma de número 2.

Anote as atividades nos espaços fornecidos:

Atividade 1:

Atividade 2:

Atividade 3:

Atividade 4:

Tenha em mente todas as dicas da semana passada ao planejar as suas atividades, inclusive programando-as em horários específicos da sua semana.

Identificação de pensamentos com Neil

Quando Neil veio a mim pela primeira vez, ele estava desempregado fazia seis meses. Durante 25 anos, ele prestou serviços internos de TI para uma grande financeira e foi dispensado quando os mercados se contraíram e a empresa apertou o cinto.

A partir do momento em que disseram a Neil para arrumar as suas coisas, ele fez tudo certo: participou do serviço de recolocação profissional que a sua empresa pagou, dedicou-se à formação de redes e à candidatura a vagas de emprego – ele fez da sua busca de emprego uma ocupação em tempo integral. Neil estava determinado a tratar a sua demissão como uma oportunidade de encontrar algo melhor.

Todavia, ninguém o contratava, embora ele tivesse se saído bem em várias entrevistas. À medida que o desemprego se prolongava, Neil começava a desanimar. Ficava mais difícil começar cedo o seu dia, e ele tinha a sensação de que estava procurando emprego apenas por procurar.

Pouco antes de ligar para marcar uma visita inicial, ele recebera um aviso de que o seu auxílio-desemprego estava prestes a expirar. Antes do aviso, ele se sentia como se estivesse por um fio, e esse último golpe foi imensamente estressante e de-

primente ao mesmo tempo. Neil tinha 52 anos e compromissos financeiros com seus filhos jovens – ele ajudava sua filha, recém-formada, a pagar o aluguel e custeava a mensalidade da universidade do filho. Com 10 anos ainda para pagar do financiamento da casa, o estresse financeiro era avassalador.

Sua esposa era extremamente solidária e boa para incentivá-lo a fazer o que ele precisava fazer. Ao mesmo tempo, Neil sabia que podia contar com ela somente até aí, visto que ela tinha o seu estresse e um emprego em tempo integral. Ele sabia que estava enfrentando grandes dificuldades quando lhe ocorreu algo: – Talvez a minha mulher e as crianças estivessem em melhor situação se eu estivesse morto, já que eles receberiam o dinheiro do seguro de vida. Ele me ligou no mesmo dia.

Era fácil apreciar os traços positivos de Neil. Ele era comprometido, acima de tudo, com sua família e não conseguiria suportar a ideia de que não pudesse prover-lhe o sustento como sempre fizera. Eu via que ele resistia fortemente ao declínio de sua situação, tentando manter-se "para cima". Mas, no decorrer de minha avaliação inicial, eu via as suas defesas enfraquecendo. Quando lhe perguntei sobre a sua busca por emprego, ele concluiu dizendo com um sorriso de desdém: – Acho que ninguém quer contratar um velho.

Nas primeiras duas semanas de seu tratamento, Neil e eu nos concentramos em fazê-lo voltar a ser ativo. As suas atividades de busca de emprego constituíam uma parte importante do seu plano de atividade, é claro, assim como o exercício físico e arranjar tempo para um relaxamento prazeroso (ao qual ele havia renunciado por achar que não o "merecia"). Enquanto Neil cuidava de suas atividades, ficou claro que fortes pensamentos e suposições o estavam atrapalhando. Precisaríamos abordar o seu modo de pensar de forma objetiva.

Revisão da abordagem cognitiva

Muitas de nossas reações emocionais são uma decorrência da maneira como pensamos sobre as coisas que acontecem. Como seres humanos, queremos entender o nosso mundo, de modo que criamos histórias para explicar os acontecimentos. Por exemplo, se um amigo está chateado conosco, podemos achar que esse amigo tem tendência à irracionalidade e não tem nenhuma razão para estar aborrecido. Se acreditarmos nessa história, poderemos reagir com irritação em relação a esse amigo. Poderíamos diagramar a sequência desse processo da seguinte maneira:

O meu amigo está chateado comigo ⟶
"Ele está sendo irracional novamente." ⟶ Irritado com o amigo

E se você supusesse que o seu amigo deve estar aborrecido por alguma razão e por culpa sua? Você provavelmente sentiria diferentes emoções:

O meu amigo está chateado comigo ➝ "Eu sou um mau amigo." ➝ Preocupado, culpado

Um dos grandes desafios de entender os pensamentos que determinam nossas emoções é o fato de que esses pensamentos geralmente não se anunciam. Embora nos sintamos incomodados com a maneira como interpretamos um evento, nós *achamos* que estamos incomodados com o evento propriamente dito. E o que normalmente vivenciamos é um evento *causador* de uma emoção:

O meu amigo está chateado comigo ⟶ Irritado com o amigo

ou

O meu amigo está chateado comigo ⟶ Preocupado, culpado

Consequentemente, não temos a oportunidade de perguntar se os pensamentos fazem sentido, já que *nem sequer reconhecemos que tivemos um pensamento*. É difícil avaliar pensamentos que não reconhecemos como pensamentos. Por essa razão, precisamos praticar o ato de reconhecer nossos pensamentos e crenças. Essa prática é suficientemente importante para lhe dedicarmos o restante deste capítulo.

Você poderá notar algumas mudanças no seu processo de pensamento simplesmente ficando mais atento ao que a sua mente está lhe dizendo. Existe algo em relação ao fato de anotar os nossos pensamentos que pode começar a mudar a nossa relação com eles. Quando observo que eu estou *me* dizendo as coisas, vejo que essas coisas podem ou não ser verdadeiras.

Como identificar os pensamentos

Em uma das primeiras sessões com Neil, ele descreveu uma decepcionante rejeição de outra empresa. Quando lhe pedi que falasse mais sobre o que houve de decepcionante, ele respondeu: – É simplesmente frustrante continuar sem emprego, sabe? Acho que qualquer pessoa estaria decepcionada a esta altura.

Neil estava coberto de razão: não era como se as coisas que estavam acontecendo com ele fossem eventos positivos que ele estivesse, de alguma forma, distorcendo e transformando em eventos negativos. É naturalmente estressante ter responsabilidades financeiras e dificuldade para arranjar trabalho. No entanto, cada pessoa reage de uma forma diferente a essa experiência. Nós precisávamos identificar exatamente quais eram as reações de Neil.

Pedi a Neil que relaxasse e fechasse os olhos, e que imaginasse onde ele estava quando recebeu a notícia de que não havia conseguido a vaga de emprego. Em seguida, eu lhe pedi que contasse a conversa que tivera com o gerente de contratações – e ele o fez – enquanto eu o orientava para que ele prestasse atenção à forma como se sentia. Que emoções ele percebia? Ele notava alguma sensação em seu corpo? Algum pensamento lhe passava pela cabeça?

Neil abriu os olhos e disse: – Sim. "Por que alguém me contrataria?", esse foi o pensamento que eu tive – ele respondeu. Eu o incentivei a considerar se havia uma resposta implícita para essa pergunta. – Bem, foi apenas uma forma retórica de falar – ele disse. – O que eu quis dizer foi que ninguém me contrataria – completou. Continuamos a conversar e Neil me disse que se via como ultrapassado, "como um dinossauro". – Vejo todos esses recém-formados – ele disse – que têm a idade da minha filha, e nós estamos fazendo entrevistas para as mesmas vagas. Que esperança um camarada grisalho, com seus óculos bifocais, tem diante dessa garotada?

Agora estava fácil ver o que havia de tão decepcionante nessa rejeição – ele não só não conseguiu o emprego como também se dizia que havia algo de imutável em relação a si mesmo (a sua idade) que o impediria de arranjar qualquer emprego. Neil se dizia coisas como "Eu não deveria sequer perder o meu tempo. É inútil". Não era à toa que ele estava investindo menos em sua procura de emprego, já que tudo lhe parecia energia desperdiçada.

Tire alguns instantes para refletir sobre uma situação recente em que você tenha sentido uma onda de emoções desagradáveis. Pense onde você estava nesse momento e o que estava acontecendo. Visualize o quadro da maneira mais nítida possível. Agora descreva resumidamente o evento que antecedeu a sua mudança de humor. Descreva também a(s) emoção(ões) que sentiu.

Observe quaisquer pensamentos que você tenha tido na ocasião. Você consegue identificar pensamentos específicos que pudessem explicar a consequente emoção? Anote as suas observações aqui:

_____

_____

_____

_____

_____

_____

_____

_____

_____

_____

_____

_____

Ao considerar os seus pensamentos relacionados à ansiedade e à depressão, observe em que período de tempo os pensamentos se concentram. Alguns provavelmente envolvem explicações de coisas que já aconteceram. Outros podem ter relação com eventos futuros – predições do que poderia acontecer. Existem ainda aqueles possivelmente relacionados ao que está acontecendo no momento. Enquanto você tenta identificar os seus pensamentos, tenha em mente que eles podem estar relacionados ao passado, ao presente ou ao futuro.

Às vezes, os pensamentos vêm em forma de uma imagem ou de uma impressão. Em vez de pensar "Eu sou fraco", por exemplo, podemos ter uma imagem de nós mesmos como pequenos e impotentes. Quando estiver praticando para identificar os seus pensamentos, lembre-se de que esses pensamentos podem ou não ocorrer em forma de palavras.

Podemos diagramar o evento, os pensamentos e as emoções como um episódio. O diagrama de Neil para a recente rejeição na procura de emprego era o seguinte:

O diagrama de eventos/pensamentos/emoções de Neil

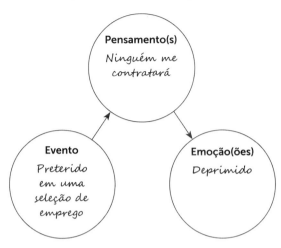

Pense em algo que tenha acontecido em sua vida que o tenha levado a se sentir "para baixo" ou deprimido. Que pensamentos lhe passaram pela cabeça? Use o diagrama a seguir para ilustrar esse exemplo:

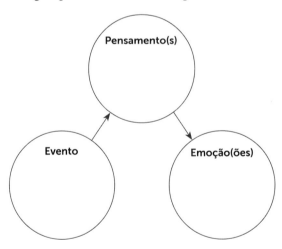

E se eu não conseguir identificar um pensamento?

Com outros eventos que examinamos retrospectivamente, Neil não sabia identificar seus pensamentos. – É engraçado – ele dizia –, mas, antes de nós conversarmos sobre essas coisas, eu nem achava sequer que estivesse pensando. Eu *simplesmente tomava como fato a maneira como eu via o mundo. Eu continuo trabalhando no sentido de identificar meus pensamentos.*

Para esses episódios, deixamos um lugar reservado – precisaríamos coletar mais informações a partir de novos eventos para entender melhor o modo de pensar de Neil.

Muitas vezes, é difícil saber exatamente o que estávamos pensando se não estivermos, de fato, no momento em que o pensamento nos ocorreu. Caso você não consiga detectar um pensamento que tenha levado a uma emoção, não se preocupe: você terá muitas oportunidades para praticar. Na realidade, aprender a ouvir o que estamos nos dizendo é uma habilidade que podemos aprimorar ao longo da vida. Isso é apenas o começo.

Uma das partes do seu plano de atividades para esta semana consistirá em registrar pelo menos três casos em que o seu humor "despencou". Você apenas irá anotar o que aconteceu, o que você sentiu e o(s) pensamento(s) que teve. Você pode anotar esses episódios no formulário "Identificação de pensamentos".

Temas comuns na ansiedade e na depressão

À medida que aprendeu a conhecer melhor seus pensamentos, Neil reconheceu um "elenco" familiar. A maioria de seus pensamentos perturbadores girava em torno de seu futuro "sem esperança", o que ele acreditava ser uma decorrência de sua idade e "obsolescência". Com isso, ele começou a pensar que não conseguiria sustentar sua família e achava que isso fazia dele um ser humano inútil. Não é de surpreender que Neil estivesse deprimido! Ele era constantemente bombardeado com pensamentos sobre ser velho, rejeitado e inútil.

À medida que você for anotando os seus pensamentos e emoções no decorrer da próxima semana, as chances são de que você comece a notar temas recorrentes. É como se a nossa mente fosse uma *jukebox* (vitrola automática) e tivesse apenas alguns "sucessos" para tocar repetidas vezes quando um evento desencadeador "pressiona o botão". As nossas experiências de ansiedade e depressão estão intimamente relacionadas aos tipos de pensamentos que temos com frequência.

Consideremos alguns tipos comuns de pensamentos que se manifestam em determinadas condições psicológicas. Começaremos com os transtornos de ansiedade. Você pode pular os exercícios relacionados a condições que não se apliquem ao seu caso.

Fobia específica

Quando temos medo de uma coisa, geralmente acreditamos tratar-se de algo perigoso. Se tivermos medo de voar, podemos pensar que ruídos misteriosos em um avião indicam que há algo de errado. Duas pessoas podem vivenciar o mesmo evento de formas completamente diferentes, dependendo de sua interpretação. Quando o nariz do avião se inclina para baixo, você pode ficar aterrorizado se achar que isso significa que os motores falharam e o avião está caindo rapidamente. Se, por outro lado, você pensar "Que bom, iniciamos a nossa descida", sentirá emoções muito diferentes.

Pense em quaisquer dos seus temores e em uma ocasião recente em que o seu medo se desencadeou. Você tem consciência de qualquer pensamento que tenha lhe ocorrido e possa ter contribuído para o seu medo? Utilize o diagrama a seguir para anotar o evento, os pensamentos e as emoções.

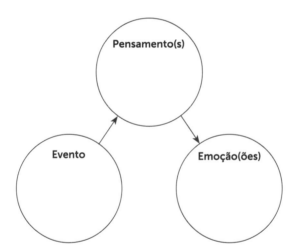

Pânico

O pânico é alimentado pela crença de que alguma crise horrível é iminente se não mudarmos a situação ou fugirmos dela *imediatamente*. Certa vez, tive um episódio de desrealização em que o meu consultório começou a me parecer curiosamente estranho. De repente, eu *percebi* haver algo de terrivelmente errado e que eu devia estar tendo um derrame ou alguma outra emergência médica. Fui lá para fora, acreditando que precisava estar em um local público, para o caso de perder a consciência. Quando cheguei lá fora e comecei a me sentir melhor, ocorreu-me que eu havia tido uma crise de pânico, alimentada pela minha percepção de "PERIGO" traduzida em uma estranha sensação de irrealidade.

Outras crenças comuns no transtorno de pânico são:

- Se eu entrar em pânico quando estiver dirigindo, vou bater o carro.
- Se a minha crise de pânico for suficientemente forte, vou desmaiar.
- Todos vão saber que estou tendo uma crise de pânico e isso vai me causar constrangimento.
- Se eu entrar em pânico, posso perder o controle e atacar alguém.
- O pânico vai me fazer perder a visão, o que poderia ser muito perigoso.
- Se eu não parar de entrar em pânico, posso ficar louco.
- Estou tendo um infarto.
- Eu posso ter falta de ar e me sufocar em decorrência de uma crise de pânico
- Vou ter diarreia repentinamente se entrar em pânico no momento errado.

Se você sofre de pânico, pense nas ocasiões específicas em que teve uma crise. O que provocou a crise? Você interpretou o gatilho de maneira que acabou gerando mais medo e mais pânico?

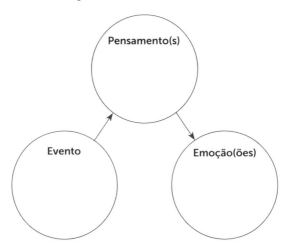

Transtorno de ansiedade social

O pensamento determinante no transtorno de ansiedade social é o de que você fará algo que o constrangerá diante de outras pessoas. Se tivermos propensão à ansiedade social, provavelmente faremos a interpretação mais negativa possível das coisas que acontecem nos ambientes sociais. Um dos grandes desafios no transtorno de ansiedade social é que geralmente temos medo de que outros saibam que estamos ansiosos. "As pessoas vão perceber que eu estou vermelho e vão me achar um idiota por estar constrangido", poderemos dizer a nós mesmos. Ou então poderemos pensar: "Se a minha voz parecer trêmula, as pessoas vão perder toda a confiança em mim". A ansiedade quanto ao fato de parecer ansioso tende a aumentar a nossa ansiedade, levando a um ciclo vicioso.

Se você sofre muito de ansiedade social, pense em uma situação recente em que você tenha temido os julgamentos dos outros. Você consegue identificar pensamentos sobre o que poderia acontecer em tal situação?

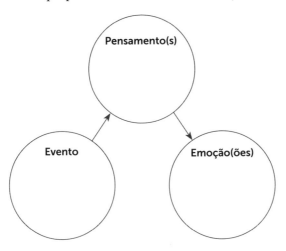

Transtorno de ansiedade generalizada (TAG)

O pensamento tende a ser a parte mais proeminente do TAG. Os pensamentos geralmente começam com "**E se...?**" em relação a algo de ruim que poderia acontecer:

- E se eu for reprovado nesse exame?
- E se a minha dor de cabeça significar que eu tenho um tumor no cérebro?
- E se acontecer algo com os meus pais?
- E se eu perder o meu emprego?
- E se o mercado de ações despencar e levar todas a economias de minha aposentadoria?

Por ser "generalizada", a preocupação presente no TAG pode estar ligada a qualquer coisa. A tendência é a de que haja também uma crença implícita de que eu *preciso fazer algo para garantir que essa coisa ruim* não aconteça. Sentimos que é nossa responsabilidade controlar a situação, qualquer que possa ser. Podemos dizer a nós mesmos que precisamos *"garantir que aquilo não aconteça"*, e assim exerceremos alguma atividade mental (preocupação) para tentar resolver o problema, mas de forma improdutiva. É como tentar jogar uma partida inteira de xadrez por antecipação, sem conhecer o movimento das peças do outro jogador, e, ainda assim, tentando "solucionar" o jogo que está por vir.

Infelizmente, as coisas com as quais nos preocupamos, regra geral, não estão sob o nosso total controle. Podemos ter certeza absoluta de que não seremos reprovados em um exame, não teremos uma crise de natureza médica, não perderemos alguém próximo a nós, e assim por diante? Desse modo, ficamos presos a um pensamento cíclico. A partir do *E se...?*, tentamos pensar em uma solução que *garanta* que aquilo que tememos não aconteça. Como não temos a certeza do que buscamos, retornamos ao *E se...?*

Por exemplo, podemos nos preocupar com a segurança de nossos filhos: *E se eles se machucarem no acampamento?* Exploramos uma lista de coisas ruins que possam acontecer e procuramos nos tranquilizar de que nossos filhos estarão bem. Mas é claro que não temos como *saber* se eles realmente estarão seguros, e então nossa mente volta ao *E se...?*, e o ciclo continua.

Uma pessoa com TAG pode também acreditar que a preocupação seja um exercício útil. Poderíamos pensar, por exemplo, que, se nos preocuparmos com algo, podemos evitar que isso aconteça, de modo que parar de se preocupar significaria baixar a guarda. É fácil acreditar que a nossa preocupação "funciona" se estivermos sempre preocupados e que aquilo com que estávamos preocupados não aconteceu, talvez, porque nos preocupamos. Ou poderíamos acreditar que a nossa constante preocupação diga algo de bom sobre nós – *que zelamos*.

Se você se vê como alguém que se preocupa demais, pense em uma situação recente que tenha desencadeado ansiedade. Qual foi a situação, e você seria capaz de identificar quaisquer pensamentos que tenham levado à sua aflição?

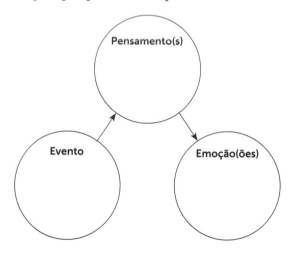

Medo de ter medo

Não é difícil entender pensamentos sobre situações ou objetos que acreditamos serem perigosos – o medo está atrelado à nossa crença sobre o perigo. Mas e as situações ou objetivos que *sabemos* não serem realmente perigosos, mas, ainda assim, os evitamos e tememos?

Em geral, temos medo de nosso próprio medo. Podemos pensar que é perigoso ter medo demais, e que algo catastrófico pode acontecer se ficarmos demasiadamente assustados. Talvez pensemos que teremos um infarto ou um derrame. Podemos também acreditar que o nosso medo vai durar para sempre se enfrentarmos aquilo que tememos.

Não é incomum temermos "perder as estribeiras" ou "enlouquecer" por ter medo demais. Até certo ponto, podemos acreditar que, se ficarmos demasiadamente aterrorizados, poderemos chegar a um ponto "além do medo", alguma experiência qualitativamente pior do que ruim. Talvez pensemos que podemos "surtar" a ponto de "não conseguir suportar" e fazer algo constrangedor.

Pense em suas próprias experiências de medo e ansiedade. Existem coisas que você tema mesmo estando ciente de que elas não são perigosas? Pense cuidadosamente como você se sente diante do objeto ou da situação. Você é capaz de prever o que acontecerá por estar aterrorizado? Anote os seus pensamentos no espaço a seguir.

Temas comuns na depressão

Neil fez uma segunda entrevista em uma empresa que parecia adequada para ele. Então, algo curioso começou a acontecer: Neil começou a supor que devia haver algo de errado com a empresa; afinal, por que eles queriam contratá-lo? Ele sentiu vergonha ao falar da entrevista para a sua esposa – ele não iria nem contar a ela, mas esta perguntou onde seria a entrevista quando viu que ele havia separado o seu terno.

Neil e eu trabalhamos juntos para entender o seu processo de pensamento. Ele descobriu que estava dizendo a si mesmo que a empresa devia estar muito desesperada por contratar alguém para ainda continuar interessada nele depois de saber a sua idade. Consequentemente, ele dizia a si mesmo que era patético por ter se submetido a uma entrevista com a empresa.

Quando estamos deprimidos, geralmente vemos qualquer evento decepcionante como evidência de nosso próprio fracasso. Às vezes transformamos até mesmo eventos positivos em eventos negativos. O pensamento depressivo pode transformar uma vitória em uma derrota. Os pensamentos comuns na depressão giram em torno de temas sobre ser "inferior" de alguma forma. Eis alguns exemplos:

- Eu sou fraco.
- Eu sou um perdedor.
- Ninguém poderia realmente amar alguém como eu.
- Eu estrago tudo.

A desesperança é outro tema comum no pensamento depressivo e leva a uma atitude de "Por que se importar?". *Se nada que fazemos melhora as coisas*, argumentamos, *por que despender energia tentando mudar as coisas*? Esse tipo de pensamento pode ser autoalimentável, visto que leva à inatividade, a um constante estado de tristeza e a uma contínua crença de que as coisas nunca melhorarão.

Se você estiver sofrendo de depressão, pense em uma ocasião recente quando algo o tenha realmente deixado de humor baixo. O que você disse a si mesmo sobre o que aconteceu? Talvez mesmo enquanto estiver lendo este capítulo você tenha tido pensamentos alimentados pela depressão, como "Isso provavelmente não vai funcionar comigo" ou "De que adianta? Eu *sei* que os meus pensamentos não fazem sentido. Nada pode me ajudar". Reserve um tempo para anotar o que aconteceu e quais os pensamentos de que você consegue se recordar.

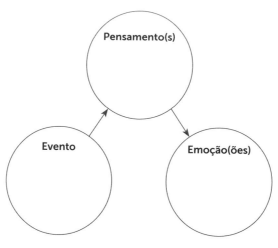

Direto ao ponto

Com o tempo, Neil notou que todos os seus pensamentos compartilhavam um "destino final". Se rastreasse para onde os seus pensamentos levavam, ele descobriria que todos eles terminavam com a sua pessoa na condição de inútil e patético. Neil tinha até uma imagem mental que acompanhava essa noção – ele imaginava um pano velho caído entre a lavadora e a secadora e que ninguém se importava em apanhá-lo. Diagramamos os seus pensamentos da seguinte maneira:

O diagrama das crenças essenciais de Neil

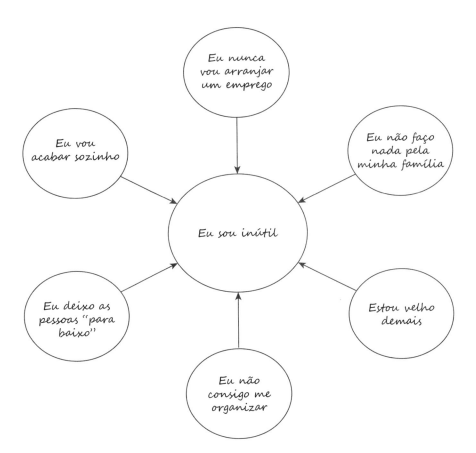

O pensamento ou a imagem central reflete o que Aaron Beck e outros chamam de "crença essencial", com os pensamentos específicos todos oriundos dessa crença e reforçando-o:

- Acreditar que, de modo geral, eu sou inútil e patético resulta em mais pensamentos específicos relacionados à minha crença essencial.
- Esses pensamentos específicos são tomados como "evidências" que respaldam a minha crença essencial. Se esses pensamentos não forem identificados e verificados, o ciclo continua.

Encontramos um fenômeno semelhante na ansiedade, que é o nosso "medo essencial", ou o "grande medo" que determina nossos temores menores. Se eu tiver um medo essencial de morrer e abandonar meus filhos, por exemplo, posso me tornar extremamente ansioso com a hipótese de adoecer, de viajar e com a segurança em casa.

A esta altura, é possível que você tenha uma vaga noção de quais são as suas crenças e medos essenciais. Ou talvez você ainda não tenha nenhuma ideia. No decorrer dos próximos dias e semanas, você coletará informações que o ajudarão a identificar as suas crenças e medos essenciais. Depois que detectarmos essas questões centrais, poderemos trabalhar com mais eficiência, reconhecendo que se trata da mesma mensagem que a nossa mente continua nos enviando.

Pratique para esta semana

Na próxima semana, preste atenção às vezes em que você observa piora no seu estado de humor. O mais próximo possível do tempo do evento – o ideal é que seja em "tempo real" –, veja se você consegue captar os pensamentos que estão alimentando as suas emoções. Mantenha os formulários "Identificação de pensamentos" à mão para que você possa preenchê-los assim que possível. Na próxima semana, você utilizará o que encontrou para começar a se libertar desses padrões de pensamento.

Neste capítulo, você deu outro passo importante: começou a descobrir alguns dos seus pensamentos que levam à ansiedade e à depressão. Eu o incentivo a tratar como um sucesso qualquer progresso que você tenha alcançado nesta semana. A maioria das pessoas tem de trabalhar muito para descobrir os seus pensamentos subjacentes, por isso, se você achar que não é fácil, é sinal de que está em boa companhia. Continue assim. Além disso, você está dando sequência ao trabalho que começou na semana passada, de acréscimo de atividades valiosas à sua programação.

Tire alguns instantes para pensar em como você está se sentindo no momento. Anote os seus pensamentos e sentimentos, juntamente com quaisquer dúvidas, no espaço a seguir. Até a quarta semana.

Plano de atividades

1. Realize as quatro atividades que você planejou para esta semana.
2. Preencha o formulário "Identificação de pensamentos" para, pelo menos três eventos.
3. Programe um tempo agora para retornar e completar a quarta semana.

SEMANA

4

Liberte-se dos padrões de pensamentos negativos

Bem-vindo de volta. Na terceira semana, continuamos a planejar as atividades a serem acrescentadas à sua vida. Você planejou quatro atividades para a semana passada; no espaço a seguir, resuma o que deu certo com elas.

SEMANA 4 | Liberte-se dos padrões de pensamentos negativos **91**

Alguma coisa foi diferente do que você esperava? Algum desafio que você tenha encontrado, ou surpresas agradáveis?

_____

_____

_____

_____

_____

_____

_____

O que você aprendeu com essas atividades que você possa aplicar para as próximas semanas?

_____

_____

_____

_____

_____

_____

Com base nas suas experiências da semana passada, escolha *cinco* atividades da sua lista e siga o mesmo procedimento das semanas anteriores, programando dias e horários para realizar as atividades. Escolha a partir de suas atividades mais desafiadoras (classificadas como graus de dificuldade 2 e 3), se factíveis.

Caso haja atividades da semana passada que não tenham sido concluídas, você ainda acredita que essas atividades valham a pena? Em caso afirmativo, pense em algumas maneiras de aumentar as suas chances de realizá-las, como desmembrá-las em tarefas ainda menores. (Ver página 68, "Aumente as suas chances", se necessário). Anote as suas cinco atividades na próxima página.

Atividade 1:

Atividade 2:

Atividade 3:

Atividade 4:

Atividade 5:

Agora, arranje espaço na sua agenda para programar essas atividades para a próxima semana.

Na terceira semana, você também começou a monitorar os seus padrões de pensamentos. Você deveria preencher o formulário "Identificação de pensamentos" para, pelo menos, três eventos. Reveja as anotações que você fez na semana passada. Algum tema se destaca?

Alex se liberta

– Foi a confirmação de tudo o que eu achava que houvesse de errado comigo – disse Alex, com a voz falha. – Estou deixando todos na mão. Eles dependem de mim e eu não consigo sequer me organizar – completou. Ela enxugou as lágrimas e sentou-se com a mão sobre os olhos.

No início da semana, a supervisora de Alex, Dianne, chamou-a em sua sala. Dianne lhe disse que precisava que Alex aumentasse a sua carga horária, trabalhando inclusive à noite e nos fins de semana, se ela quisesse atender às expectativas de seu cargo. Dianne lembrou-lhe de que, 20 anos antes, ela mesma fazia o que Alex deveria fazer, sendo mãe de filhos pequenos, e de que as mulheres têm que provar sua dedicação para que o seu trabalho seja levado a sério. Alex saiu da reunião prometendo esforçar-se mais e sentindo-se completamente desmoralizada.

Quatro semanas antes, Alex iniciara um tratamento comigo. Ela estava com dificuldade de arranjar tempo para um emprego exigente como diretora-assistente de um grande programa executivo de MBA e criar duas filhas pequenas. Sua vida era só trabalho e nenhum lazer: o seu dia começava com uma frenética rotina matinal de 5h30 às 7h30; depois ela levava sua filha de 4 anos para a pré-escola e a de 18 meses para a creche, então seguia para um extenuante dia no escritório até as 18h.

Sua mãe olhava as crianças no fim do dia, até que ela chegasse em casa. E então seguia-se a "dureza" até que as duas meninas fossem para a cama, por volta das 19h30. Alex e seu marido, Simon, talvez tivessem 15 minutos para conversar sobre o dia de cada um enquanto limpavam a cozinha, antes de cuidarem de suas tarefas noturnas e se prepararem para o dia seguinte. Alex geralmente levava pastas para casa a fim de vê-las à noite e sempre se admirava por conseguir fazer tão pouco até as 22h30, quando já estava dormindo sentada.

Desde que a sua filha mais nova nascera, Alex não dormia bem. Seus nervos estavam em frangalhos e ela geralmente estava irritada, o que nunca fizera parte de sua personalidade até então. Ela gostaria de ser mais paciente com as filhas. – Hoje de manhã, ouvi a minha filha de 4 anos dizer à irmã que parasse de fazer confusão porque a "mamãe está mal-humorada hoje" – ela me disse. – Eu me senti um fracasso como mãe.

Nas primeiras duas semanas de seu tratamento, nós nos dedicamos a buscar formas simples de Alex encaixar algumas atividades prazerosas e restauradoras em seus dias. Por exemplo, ela pediu a Simon que olhasse as meninas nas manhãs de sábado para que ela pudesse ir a uma aula de spin com uma amiga. Alex percebeu também que ouvir música clássica enquanto dirigia no caminho de casa para o trabalho era mais relaxante do que ser bombardeada por notícias ruins no rádio – e não absorvia mais de seu precioso tempo. Na última semana, ela simplesmente *começara a monitorar seus pensamentos em situações difíceis, incluindo o encontro com sua supervisora.*

Nesta semana, chegou a hora de examinar os seus pensamentos. Prestando atenção ao que a sua mente lhe diz, é possível que você tenha notado alguns problemas com os seus pensamentos. Por exemplo, você pode ter percebido que nem todos os seus pensamentos eram 100% verdade. Você pode ter observado que os seus pensamentos gravitavam para determinadas interpretações negativas, mesmo quando eram possíveis outras interpretações. Caso você tenha observado quaisquer dessas tendências, anote-as no espaço a seguir. Caso contrário, não se preocupe – você terá muitas oportunidades para examinar o seu modo de pensar.

Como vimos no Capítulo 1, os pensamentos podem ter efeitos poderosos sobre nossas emoções. Quando estamos deprimidos ou ansiosos, nossos pensamentos enquadram-se em padrões sem qualquer utilidade para nós.

Pensamentos inúteis

Considere todas as formas de pensamento que sejam úteis para você. Podemos nos planejar para o futuro, considerar nossas ações passadas, avaliar os motivos dos outros, saborear nossas lembranças favoritas e assim por diante. Quando bons o suficiente para se encaixarem na realidade, os nossos pensamentos nos são úteis.

SEMANA 4 | Liberte-se dos padrões de pensamentos negativos **95**

Alguns dos pensamentos que anotamos no decorrer da semana passada podem ser precisos e, portanto, úteis. A nossa mente pode também criar pensamentos que *não refletem necessariamente a realidade*:

- Fazemos previsões erradas.
- Entendemos mal a intenção de alguém.
- Interpretamos mal uma situação.

Todos nós cometemos erros em nosso modo de pensar. Depois de uma palestra que certa vez proferi como parte de uma entrevista de emprego, eu tinha certeza de que o meu público estava entediado e "sufocado". – Estraguei tudo – pensei enquanto caminhava para casa. Quando cheguei em casa, havia um *e-mail* em minha caixa de entrada me oferecendo a vaga. Felizmente, *somos capazes de refletir sobre o nosso próprio modo de pensar* e reconhecer quando nossos pensamentos fazem e não fazem sentido.

Pense em uma ocasião em que você tenha pensado ou acreditado em algo que tenha acabado por se revelar comprovadamente falso e descreva-a no espaço a seguir.

ROTULAÇÃO DOS ERROS DE PENSAMENTO

Os erros de pensamento já foram descritos de diversas maneiras:

- **Irracionais:** Albert Ellis enfatizava que os nossos pensamentos geralmente **não fazem sentido**. Por exemplo, podemos dizer a nós mesmos que todo mundo deve ter um bom conceito de nós, sob pena de ficarmos terrivelmente chateados. A terapia racional-emotiva comportamental de Ellis foi criada para identificar o pensamento irracional e substituí-lo por pensamentos racionais que levem a um maior bem-estar.
- **Disfuncionais:** na terapia cognitiva de Aaron Beck, os erros de pensamento são denominados "disfuncionais" porque **não têm utilidade para nós**. Quando dizemos a nós mesmos "Não adianta tentar mesmo", por exemplo, estamos nos preparando para fracassar. Identificando os padrões de pensamentos disfuncionais, podemos trabalhar no sentido de substituí-los por pensamentos que nos ajudem a buscar nossos objetivos.
- **Tendenciosos:** vários estudos já demonstraram que os nossos pensamentos tendem a ser **parciais** quando estamos ansiosos e deprimidos. Por exemplo, no transtorno de ansiedade social, a pessoa tende a notar o *feedback* potencialmente negativo das pessoas e a ignorar o *feedback* positivo. Prestando atenção somente a informações que respaldam a nossa ansiedade e depressão, reforçamos os nossos padrões de pensamentos negativos.
- **Distorcidos:** por fim, os erros de pensamento **não refletem a realidade com precisão**. Podemos pensar que somos totalmente incompetentes depois de cometer um pequeno erro, ou que *ninguém* gosta de nós porque determinada pessoa nos tratou com grosseria. Por meio da terapia cognitiva, podemos mudar o nosso modo de pensar para que corresponda melhor à realidade.

Essas maneiras de descrever os erros de pensamento estão correlacionadas; por exemplo, os pensamentos tendenciosos provavelmente são distorcidos, e os pensamentos irracionais quase certamente são disfuncionais. Você pode ter em mente esses diferentes rótulos à medida que identifica e desafia os seus próprios padrões de pensamento.

Examine as evidências

Um dos episódios registrados por Alex envolveu uma manhã particularmente estressante na tentativa de fazer que todos saíssem no horário. Ela se sentia irritada, oprimida e com pensamentos melancólicos no caminho para o trabalho. – Eu sou uma decepção.

Enquanto conversávamos sobre esse pensamento, ficou claro que se tratava de uma maneira geral de pensar: – Eu não sou nada além de uma grande decepção para todos – pensava Alex. Ela achava essa crença muito perturbadora. Precisamos pensar juntos cuidadosamente sobre esse pensamento. Seria um pensamento verdadeiro?

Procuramos primeiro evidências que respaldassem o pensamento de Alex, e, na verdade, havia vezes em que as pessoas se decepcionavam com ela, como a supervisora e as filhas, quando ela era ríspida com as meninas.

Consideramos, então, as evidências contra os pensamentos de Alex. Ela seria capaz de imaginar algo que os contradissesse? Alex pensou por um instante e disse: – A minha filha mais velha às vezes me diz que eu sou uma boa mãe, embora eventualmente eu grite – declarou. Alex acrescentou esse fato à coluna "Evidências contra...". Continuamos esses exercícios, e então ela olhou as colunas lado a lado:

Evidências favoráveis aos meus pensamentos	Evidências contra os meus pensamentos
• Dianne ficou decepcionada comigo	• Dianne também disse que eu estou fazendo um bom trabalho
• Eu geralmente me irrito com as minhas filhas	• Libby às vezes me diz que eu sou uma boa mãe
	• O meu marido diz que eu estou fazendo muito
	• Eu trabalho em horário integral e tenho duas filhas

Perguntei a Alex o que ela acha do pensamento original agora.

– É um pouco unilateral – ela admitiu.

– O que esse pensamento exclui? – perguntei-lhe.

– Bem, ele exclui as vezes em que eu não decepciono as pessoas.

Trabalhamos no sentido de rever os pensamentos de Alex para adequá-los melhor aos dados que ela coletara. Ela escreveu: "Ultimamente, tenho decepcionado as pessoas com mais frequência do que eu quero".

Perguntei a ela qual dos dois pensamentos refletia melhor a realidade. Ela decidiu que o seu pensamento revisado fazia mais sentido, embora o pensamento original "parecesse" correto de alguma forma. Perguntei o que ela sentiu ao ler cada pensamento. O primeiro, ela disse, parecia um peso esmagador. O segundo dava uma sensação de tristeza, mas "uma tristeza com a qual eu consigo lidar".

– Talvez eu seja mais do que uma decepção – Alex me disse. Seus olhos encheram-se de lágrimas, e vários instantes se passaram até que ela conseguisse falar. Por fim, ela disse: – Por tanto tempo eu supus estar fracassando que agora pareço não merecer que ainda possa haver alguma esperança para mim.

Observe nesse exemplo que o objetivo não era que Alex "tivesse pensamentos felizes" para neutralizar os pensamentos negativos. O objetivo era examinar de forma clara e objetiva a sua situação – e o seu modo de pensar em relação a essa situação – e fazer um julgamento preciso. Se ela estivesse mesmo completamente decepcionada, era importante que tivéssemos essas informações.

Vamos trabalhar com base nos seus próprios pensamentos registrados. Primeiro, escolha o evento que achou mais perturbador. Utilizando o formulário da próxima página, anote as evidências que respaldam o seu pensamento. Há alguma evidência contra o seu pensamento, sugerindo que esse pensamento possa não contar toda a história?

Evento:	Pensamento:	Emoção:

Evidências favoráveis ao meu pensamento	Evidências contra o meu pensamento

SEMANA 4 | Liberte-se dos padrões de pensamentos negativos **99**

Com base nas evidências analisadas, qual o grau de precisão do pensamento que você teve?

_____

_____

_____

Como você modificaria o pensamento para adequá-lo melhor à realidade?

_____

_____

_____

_____

_____

Veja o lado positivo

Alex havia acabado de me falar sobre uma época em que estava se sentindo horrível em relação a si mesma. Ela e Simon haviam decidido que ele levaria as meninas para a festa de aniversário de uma das colegas de turma de Libby para que Alex pudesse se encontrar com uma amiga. Ela se sentiu culpada por não ir à festa e começou a recordar todas as outras vezes em que havia perdido eventos das crianças.

Começamos a examinar o pensamento de Alex: "Eu não faço nada pelas minhas filhas". Pedi a ela que descrevesse onde estava quando teve esse pensamento e o que estava acontecendo.

– Eu havia dito a Libby que Simon iria levá-la à festa, mas não sabia se aquilo estava bem para ela ou não. Mais tarde, à noite, eu estava deitada na cama de Libby coçando o seu braço como ela gosta que eu faça para ajudá-la a adormecer, e continuava a acrescentar itens a uma lista mental das diversas maneiras pelas quais eu havia deixado as minhas filhas na mão – Alex disse.

Perguntei a ela: – Onde você disse que estava quando teve esse pensamento?

Ela começou a me dizer novamente e parou de repente. – Ah, entendi. Foi uma pergunta de terapeuta – Ela deu um meio sorriso. – Suponho que seja irônico eu pensar que não faço nada enquanto, na verdade, tento cuidar de Libby?

Conversamos um pouco sobre a capacidade da mente de ver o que quer ver e ignorar o restante, mesmo quando está tudo ali, na nossa frente.

Quando buscamos evidências favoráveis e contrárias aos nossos pensamentos, precisamos ser tão receptivos quanto possível a todas as informações disponíveis. Se os seus pensamentos tenderem ao negativo, já estamos negligenciando algumas informações relevantes. Se não tivermos cuidado, podemos permitir que esse viés domine os nossos esforços no sentido de quebrar os padrões de pensamentos negativos, perdendo-se a finalidade.

Voltando ao exemplo em que você estava trabalhando antes. Ao testar a precisão do seu pensamento, tenha o cuidado de considerar se você pode estar ignorando informações que respaldariam pensamentos mais positivos.

Desafiar os nossos pensamentos não significa mentir para nós mesmos e negar as nossas imperfeições. Somos suficientemente inteligentes para enxergar se estamos tentando nos enganar.

Grande parte da prática consiste em crescer a ponto de *aceitar* as nossas imperfeições e não nos odiarmos por sermos totalmente humanos.

Vamos dar uma olhada na nossa eventual tendência a ver as coisas como piores do que elas são.

É uma catástrofe?

Até agora, nós nos concentramos nos erros de pensamento que envolvem pontos de vista ou falsas previsões. Poderíamos pensar que o fato de recebermos uma multa por estacionar em local proibido significa que somos terrivelmente irresponsáveis, ou que desmaiaremos se entrarmos em pânico, ou que as pessoas não vão querer amizade conosco se demonstrarmos sinais de ansiedade. Cada um desses erros de pensamento envolve crenças errôneas.

Mas e quanto aos pensamentos que não são irrealistas? Por exemplo, e se tivermos medo de ficar vermelhos ao falar em uma reunião ou de ter uma crise de pânico dentro de um avião? As chances de que essas coisas aconteçam são razoavelmente altas. Em geral, nesses casos, o nosso erro reside em *até que ponto pensamos que o resultado é ou seria ruim*. Poderíamos acreditar que, se ruborizarmos, será *horrível*, ou que ter uma crise de pânico dentro de um avião será um *desastre total*. A nossa mente pode tratar uma situação estranha, desconfortável ou constrangedora como se fosse uma catástrofe completa.

Ao examinar os seus próprios pensamentos, você observa alguma reação emocional aparentemente exagerada com base no pensamento que identificou? Por exemplo, você disse a si mesmo que fez algo "horrível", ou que seria "insuportável" se o seu medo se realizasse? Se esse for o caso, pense se você poderia ter dito a si mesmo algo mais – algo que pudesse estar determinando as suas respostas emocionais. Anote as suas observações no espaço a seguir.

O que você diria a alguém que ama?

Enquanto continuávamos examinando os perturbadores pensamentos de Alex, ela descreveu um episódio em que a sua filha de 4 anos se recusava a se vestir pela manhã. – Eu havia tido uma noite terrível e tinha de estar no trabalho no horário para uma reunião com todos os novos alunos do MBA. Libby disse que não podia se vestir porque o Bunny, o seu bicho de pelúcia favorito, estava dormindo em seu quarto e ela não queria acordá-lo. Fiquei tão irritada com ela que acabei me abaixando ao nível de seus olhos e disse: "Vista o seu vestido agora ou o Bunny vai para o lixo". Ao dizer isso, pensei comigo mesma: "Você é uma mãe terrível. Quem faz isso com a própria filha"? – ela disse.

Perguntei a Alex o que ela diria a alguém que ela amasse se essa pessoa lhe dissesse que havia feito algo semelhante.

Ela sorriu e disse: – É engraçado; isso, na verdade, aconteceu no fim de semana. Eu estava correndo com Laura e lhe contei que estava chateada comigo mesma por ter perdido a paciência e ameaçado me livrar do Bunny. "Isso não é nada. Você ficaria chocada se ouvisse algumas das coisas que saem da minha boca quando as crianças me irritam", ela me disse. Ela me narrou algumas dessas coisas, e, para ser franca, fiquei bastante chocada. Quero dizer, não foi nada abusivo, mas eu me sentiria terrível se dissesse aquelas coisas.

– Então isso deve realmente ter mudado os seus sentimentos em relação a Laura, não? – perguntei-lhe.

– Como assim? – respondeu Alex.

– Bem, com base na maneira como você se sentiu em relação a si mesma por fazer algo mais leve, Laura deve ser uma mãe terrível.

Alex franziu a testa: – Não, ela, na verdade, é uma ótima mãe. Ela ama os seus filhos. Ela simplesmente faz muito malabarismo, criando os filhos e trabalhando em horário integral. Às vezes eles a enervam e ela diz coisas das quais se arrepende.

– Perdoe-me pela comparação, mas parece que você está descrevendo a si mesma.

– Eu entendo aonde você quer chegar – Alex disse –, e eu vejo que tudo o que eu disse poderia se aplicar a mim. Só que...é diferente. Quero dizer, eu nunca poderia dizer a ela o que digo a mim mesma. Eu amo Laura.

Perguntei a ela: – O que você diria a Alex se você a amasse?

Alex pensou nessa pergunta durante uma semana. Quando voltou, ela disse que estivera praticando conversar consigo mesma "como se ela fosse alguém com quem se importasse". Alex disse que às veze até tinha a sensação de cuidado consigo mesma e também de ser cuidada. – Parece estranho dizer isso – ela explicou –, mas estou começando a achar que não tem nada a ver eu me arrebentar de trabalhar.

Perguntei-lhe que tipos de pensamento ela estava trabalhando, especialmente em situações que desencadeariam os seus pensamentos autorrepugnantes.

– Digo comigo mesma: "Você cometeu um erro, e está tudo bem". Outro dia, perdi a paciência com as minhas filhas no caminho para a escola, e ouvi aquela voz crítica e familiar dizer: "Você não poderia ter se segurado por apenas mais alguns minutos? Agora você estragou o dia de todos".

– E eu respondi para a voz: "Não, porque hoje de manhã, por mais que eu quisesse, eu simplesmente não conseguiria. E talvez o dia não esteja arruinado – ainda não. – Na verdade, eu sorri. Sei que eu não sou uma mãe perfeita... e posso conviver com isso. Também não sou um desastre".

Na maioria das vezes, os erros de pensamento que cometemos aplicam-se somente a nós mesmos. Por razões não totalmente claras, quase sempre somos mais rigorosos com nós mesmos do que com os outros. Raramente interpretaríamos da mesma maneira se o mesmo evento acontecesse com outra pessoa.

Para muitas pessoas, parece estranho, a princípio, praticar uma maneira mais gentil de conversar consigo mesmas. Podemos estar tão acostumados a ser "duros" conosco que acreditamos merecer ser tratados dessa maneira. Com a prática, uma abordagem mais gentil pode começar a parecer mais natural.

Agora, escolha outro evento que você tenha anotado na semana passada e use o formulário "Desafie os seus pensamentos" a seguir para examinar o(s) seu(s) pensamento(s).

Evento:	Pensamento:	Emoção:

Evidências favoráveis ao meu pensamento	Evidências contra o meu pensamento

Lembre-se de considerar os seguintes aspectos ao examinar as evidências:

1. Estou ignorando alguma evidência que poderia contradizer os meus pensamentos?
2. Qual a probabilidade de eu estar vendo a situação como algo pior do que realmente é?
3. O que eu diria a alguém por quem eu tenho consideração se essa pessoa tivesse esse pensamento?

Com base no exame das evidências, você revisaria seu pensamento de alguma forma para se adequar melhor às evidências que você encontrou? Se sim, escreva isso a seguir.

Um pensamento mais realista é:

Erros de pensamento comuns na ansiedade e na depressão

A esta altura, é possível que você já tenha começado a reconhecer erros recorrentes no seu pensamento. Embora os pensamentos de todos nós sejam um tanto únicos, no capítulo anterior consideramos alguns temas previsíveis que aparecem na depressão e na ansiedade. Vamos rever esses temas à medida que examinarmos os erros de pensamento comuns em cada condição.

Depressão

Como vimos no caso de Alex, a depressão está ligada a pensamentos demasiadamente negativos sobre nós mesmos, como Aaron Beck et al. descreveram em seu manual sobre a terapia cognitiva para a depressão. Podemos supor que vamos fracassar, ou que, se fracassarmos, é porque temos algum defeito fundamental. Quando as coisas não dão certo, levamos o fato para o lado pessoal, podendo supor que *sempre* estragaremos tudo.

Se você convive com a depressão, procure sinais de que os seus pensamentos em relação a si mesmo são mais rigorosos do que o necessário, tomando por base os fatos. Ao examinarmos melhor nossos pensamentos e suposições relacionados à depressão, em geral constatamos serem infundados, ou, na melhor das hipóteses, vagamente baseados na realidade. Além disso, procuramos pensamentos que começam com "Eu deveria". Esse tipo de pensamento geralmente é opressor e não se baseia na realidade.

> *Alex fazia declarações do tipo "eu deveria" diretamente conflitantes. Primeiro, ela dizia a si mesma: "Eu deveria passar mais tempo no trabalho" depois que Dianne a interpelou. Mais tarde no decorrer da semana, ela se via dizendo: "Eu deveria passar mais tempo com as minhas filhas". Ela percebia que, sem invocar magia, não havia como atender a uma dessas exigências sem sacrificar a outra.*
>
> *Como uma alternativa mais realista, o pensamento revisado de Alex era: "Trata-se de um momento agitado e ocupado de minha vida. Eu gostaria de ter tempo para fazer tudo perfeitamente, mas não é assim que o mundo funciona".*

Lembre-se: o objetivo de questionar os nossos pensamentos negativos não é nos convencer de que nada é culpa nossa. Ao contrário, queremos nos ver com mais clareza, com defeitos e tudo. Podemos praticar o ato de vermos nossas imperfeições como parte do contexto geral de quem somos. Nesse processo, talvez possamos nos levar um pouco menos a sério e começar a nos valorizar como seres humanos plenos.

Se você já se viu deprimido, resuma a seguir quaisquer erros dos quais você tenha passado a ter consciência em relação ao seu próprio pensamento. O que o levou a reconhecê-los como erros?

Exemplo: Suponho que as pessoas não gostem de mim depois que me conhecem, embora muitas evidências sugiram que meus amigos gostam de mim – como o fato de duas pessoas terem me enviado mensagens de texto nesta semana para nos reunirmos.

___

Ansiedade

Quando estamos altamente ansiosos, tendemos a superestimar a probabilidade de que aquilo que tememos aconteça. No transtorno de pânico, por exemplo, geralmente acreditamos (erroneamente) que o pânico leva ao desmaio ou ao sufocamento. Podemos acreditar também que o pânico nos deixa propensos a fazer algo perigoso, como saltar impulsivamente de uma ponte, quando o nosso instinto é, na verdade, de nos *afastar* do perigo quando estamos em pânico. Se tivermos medo de voar, podemos nos surpreender com o fato de o risco ser mínimo.

Pense nas coisas que causam muita ansiedade. Você identificou algum erro nas suas crenças relacionado às coisas que teme?

Exemplo: Quando tenho um sintoma físico, eu geralmente suponho que seja a pior doença possível, e não algo mais benigno (como sempre foi até hoje).

Podemos exagerar também o custo do resultado que tememos. Na ansiedade social, por exemplo, geralmente acreditamos que é horrível demonstrar constrangimento (como quando nos ruborizamos), mas existem evidências de que as pessoas, na verdade, têm opiniões generosas em relação a alguém que se enrubesce. Podemos também nos retrair todas as vezes que nos lembramos de algo bobo que tenhamos dito e imaginamos que os outros ainda estejam pensando nisso. Na realidade, é provável que eles já passaram a dar atenção a outras coisas, exatamente como fazemos quando outra pessoa comete um deslize social.

Você notou que algumas das coisas que você teme que aconteçam podem ser mais gerenciáveis do que você pensava? Anote os seus pensamentos no espaço a seguir.

Por fim, podemos descobrir que temos crenças em relação à ansiedade que não se sustentam quando examinadas. Como vimos no capítulo anterior, geralmente tememos os nossos próprios temores, acreditando que não seremos "capazes de lidar com eles" se chegarmos a ficar demasiadamente assustados, ou que ter muito medo é perigoso. Em geral, pensamos que seremos massacrados se enfrentarmos nossos medos, e que, de alguma forma, eles nos destruirão.

Se aquilo que tememos não é realmente perigoso, então o risco de enfrentá-lo é mínimo. O medo em si é desagradável e desconfortável, mas não perigoso. É essencial que tenhamos esse fato em mente quando chegarmos à sexta semana, cujo foco consiste em enfrentarmos nossos temores. O fato de sabermos que o medo não é perigoso pode nos motivar a enfrentar aquilo que tememos.

Você descobriu erros no seu modo de pensar sobre o seu próprio medo? O que o levou a pensar que esses pensamentos não estão corretos?

Identifique as suas crenças e temores essenciais

Na semana passada, examinamos as ideias de uma crença essencial e de um temor essencial. Alex registrou vários episódios de seus pensamentos perturbadores e identificou as seguintes crenças essenciais:

Diagrama de crenças básicas de Alex

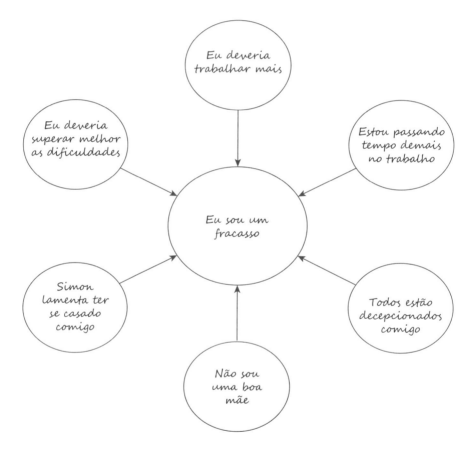

Quando Alex começou a reconhecer uma familiar abstenção em seu pensamento, ficou mais fácil para ela ver o que a sua mente queria e descartar os pensamentos relativos ao fato de ser um fracasso. Depois de um tempo, Alex raramente precisava fazer um registro formal de seus pensamentos – ela era capaz de ajustá-los rapidamente a pensamentos mais realistas. Ela chegou até a desenvolver uma resposta simplificada para os seus pensamentos negativos: "Alguém está mentindo *a meu respeito novamente", ela diria a si mesma como um lembrete para não acreditar no pensamento em questão. Às vezes ela substituía os pensamentos, e em outras ela simplesmente desconsiderava o pensamento equivocado e seguia em frente.*

Cada um de nós é capaz de identificar as suas crenças e temores essenciais. Com base no que você observou dos seus pensamentos até agora, quais são os temas e erros comuns que surgem no seu registro de pensamentos?

Utilizando essas observações, complete o diagrama a seguir da melhor maneira possível, indicando as suas crenças/temores essenciais e pensamentos correlatos.

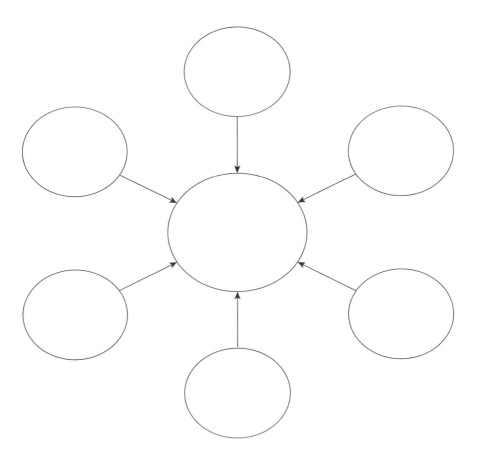

Com o tempo, podemos desenvolver maneiras simplificadas de responder aos nossos pensamentos à medida que adquirimos mais habilidade para descartá-los e enxergar alternativas mais precisas. Por enquanto, eu incentivo você a continuar preenchendo os formulários para desafiar os seus pensamentos. A prática estruturada é um bom investimento para aprender bem a habilidade. Nesta semana, escolha três eventos desencadeadores e preencha o formulário "Desafie os seus pensamentos" para cada um desses eventos.

Neste capítulo, baseamo-nos no trabalho que você fez na semana passada e começamos desafiando ativamente quaisquer pensamentos equivocados que determinem as suas emoções. Você também está dando continuidade à programação de atividades iniciadas há duas semanas.

Agora você já passou da metade deste programa de sete semanas, fazendo um excelente trabalho ao chegar até aqui. Esperamos que, a esta altura, você esteja começando a ver algum benefício decorrente do tempo e da energia que investiu.

Nas semanas restantes, continuaremos trabalhando as coisas que você fez até agora. Na próxima semana, começaremos também a abordar algumas maneiras eficazes de gerenciar o tempo e realizar as coisas.

Tire alguns instantes para refletir sobre como as coisas estão indo até agora. O que lhe parece estar transcorrendo bem? Onde você ainda enfrenta dificuldades? Das coisas que você trabalhou até aqui, quais lhe parecem ser as mais importantes? Anote os seus pensamentos e sentimentos no espaço a seguir.

_____

_____

_____

_____

_____

_____

_____

_____

_____

Plano de atividades

1. Conclua as suas cinco atividades programadas.
2. Preencha o seu formulário "Desafie os seus pensamentos" para três situações nesta semana.
3. Programe um tempo agora para concluir a quinta semana.

SEMANA

5

Gestão do tempo e de tarefas

Na semana passada, você continuou planejando atividades prazerosas e importantes e começou a enfrentar ativamente os seus pensamentos inúteis. Nesta semana, prosseguiremos com essas técnicas. Trataremos também do tema da boa gestão de nosso tempo e da realização eficaz de tarefas.

Reveja a lista das cinco atividades que você planejou realizar (página 92). Como você se saiu? Anote quaisquer destaques no espaço a seguir.

_____

_____

_____

_____

_____

_____

_____

_____

Escolha mais cinco atividades da sua lista para realizar na próxima semana. Considere cuidadosamente as atividades a serem realizadas e não tenha medo de desafiar a si próprio com algumas das suas atividades mais difíceis. É muito provável que as atividades mais difíceis sejam as mais recompensadoras.

SEMANA 5 | Gestão do tempo e de tarefas **113**

Atividade 1:

_____

Atividade 2:

_____

Atividade 3:

_____

Atividade 4:

_____

Atividade 5:

_____

Como sempre, programe na sua agenda horários específicos para realizar as suas atividades.

Por fim, reveja os formulários "Desafie os seus pensamentos" que você preencheu (páginas 98 e 103). No espaço a seguir, resuma os tipos de erros de pensamentos (se houver) que você observou. Esses erros agrupam-se em torno de um tema central?

_____
_____
_____
_____
_____
_____
_____
_____

Continuaremos trabalhando os seus padrões de pensamento. Caso você tenha dificuldade em desafiar os seus pensamentos, reveja a quarta semana. Na próxima semana, preencha pelo menos um formulário "Desafie os seus pensamentos", ou mais, se necessário.

Gestão do tempo com Walter

Walter estava em seu recesso de primavera na universidade e, em vez de passá-lo na praia com seus amigos, ele estava em meu consultório. No semestre do outono, ele estava enfrentando uma depressão e teve de solicitar duas prorrogações de prazo para concluir suas tarefas de estudo. Por mais que quisesse, Walter não conseguira terminar seus trabalhos no recesso de inverno e agora estava novamente atrasado nas aulas.

– Eu queria tanto me sair bem – Walter me disse. – Os meus pais ficaram entusiasmados quando eu ingressei nessa faculdade, e eu fiz tudo certo no primeiro ano. Mas aconteceram algumas coisas no verão, antes do meu segundo ano, que me fizeram sentir como se eu já estivesse em um buraco quando as aulas começaram em setembro.

Um dos amigos de Walter falecera de forma repentina e inesperada em julho. A morte foi um choque para Walter, levando-o a concentrar-se nos aspectos tristes e assustadores da vida. Também havia estresse em sua família porque seus pais estavam enfrentando dificuldades financeiras. Embora ninguém falasse sobre o assunto, Walter percebia que sua mãe havia desenvolvido um problema de alcoolismo. De modo geral, o verão foi uma época confusa e alienante para ele, que retornou à faculdade sentindo-se ansioso e solitário.

Walter achava difícil concluir o seu trabalho. Assim que se sentava na biblioteca e pegava suas anotações de aula, era tomado por uma onda de pavor. Ele disse ter tentado rever os slides do curso, e que, inevitavelmente, acabava recorrendo às redes sociais, "vasculhando" as postagens de seus amigos. A biblioteca fechava e ele nada havia feito além de se sentir mal por sua vida não ser tão empolgante quanto a de seus amigos. Walter retornava ao seu dormitório sentindo-se frustrado e oprimido, prometendo a si mesmo que faria o seu trabalho antes de ir dormir.

Em seu quarto, Walter era tomado pelo medo de não entender o material do curso e ser reprovado, e passava a maior parte do tempo navegando na internet ou assistindo a diversos programas de uma vez só até que estivesse cansado demais para permanecer acordado. – Vou levantar cedo para fazer o trabalho – ele dizia consigo mesmo. Normalmente Walter acabava dormindo tarde e perdendo suas aulas da manhã.

No final do semestre, estava claro que Walter não daria conta de tudo, e ele conseguiu passar raspando com um B– e um C+ nas matérias mais fáceis. Walter obteve permissão de seus outros dois instrutores para solicitar extensão de prazo para o semestre, ciente de que concluiria o trabalho durante o recesso de inverno. Entretanto, o seu padrão de esquiva persistia, e, quanto mais ele protelava a execução do trabalho, mais difícil ficava para ele o fazer.

Ao retornar ao campus na primavera, Walter jurou agir de outra maneira. Mas, à medida que a primeira série de exames intercalares se aproximava, ele se via enveredando por velhos padrões de comportamento. Quando chegou o recesso da primavera, Walter enfrentava outra crise acadêmica e não sabia como deter o seu declínio.

Efeitos da depressão e da ansiedade sobre a gestão do tempo e de tarefas

Como acontece com tantos de nós, a depressão e a ansiedade de Walter dificultavam a ele cuidar das coisas. Quando estamos deprimidos, é difícil encontrar motivação. Os altos níveis de ansiedade também não ajudam, uma vez que podem nos levar a evitar as muitas coisas que necessitamos fazer. Tanto a ansiedade como a depressão podem dificultar a concentração e interferir em nossa capacidade de encontrar soluções eficazes para os problemas. À medida que lutamos para cumprir nossos compromissos, a depressão e a ansiedade podem piorar, perpetuando um ciclo familiar.

De que maneira a depressão e/ou a ansiedade afetaram a sua capacidade de realização de tarefas?

Felizmente, o trabalho que você realizou até aqui já resultou na introdução de algumas habilidades relevantes – habilidades em que este capítulo se baseará. Por exemplo, examinamos maneiras de aumentar as suas chances de realizar uma atividade quando discutimos a ativação comportamental (páginas 57-59). As habilidades de pensamento que você trabalhou serão úteis também quando examinarmos alguns dos pensamentos que podem interferir no uso efetivo de nosso tempo.

Tire alguns instantes para pensar sobre a gestão de seu próprio tempo. O que você tende a fazer bem na gestão de seu tempo? Quais estratégias funcionam bem para você?

_____

_____

_____

_____

_____

_____

Existem também áreas em que você tenha dificuldade em administrar o seu tempo? Você se sente constantemente apressado, ou como se tudo o que você faz fosse demasiadamente demorado? É difícil decidir como utilizar melhor o seu tempo? Você costuma adiar as coisas o máximo possível? Anote as suas reflexões no espaço a seguir.

_____

_____

_____

_____

_____

_____

Nas seções seguintes, tomaremos por base as coisas que você já está fazendo bem para enfrentar os desafios que possa estar vivenciando com a gestão do tempo.

Princípios da gestão do tempo e de tarefas

Talvez mais do que qualquer outro tópico deste livro, os princípios da boa gestão de nosso tempo podem ser patentemente óbvios. Independentemente disso, a questão mais importante é que você aplique esses princípios de forma sistemática à sua vida.

O sistema que utilizaremos se baseia na estratégia de desmembrar grandes tarefas em partes manuseáveis. Na maioria das vezes, a dificuldade em fazer as coisas se deve ao fato de que o projeto parece grande demais. Tentar executar uma tarefa desafiadora é como participar de uma longa corrida. Podemos cumprir todo o trajeto de uma só vez ou realizar uma etapa de cada vez.

A abordagem básica consiste em:

1. **Identificar as suas tarefas:** decida o que você precisa fazer.
2. **Priorizar as suas tarefas:** determine por onde começar, tomando por base o prazo de conclusão das tarefas.
3. **Planejar quando realizar as suas tarefas:** reserve na sua agenda um tempo para cada tarefa.
4. **Prosseguir com o cumprimento das tarefas:** nenhuma etapa é mais importante do que, de fato, realizar o que você planejou.

O uso da TCC para tratar a dificuldade para dormir

Quando dormimos mal, é difícil administrar bem o nosso tempo e fazer as coisas. A má gestão do tempo também pode interferir no sono. É uma boa ideia dedicar alguma atenção a uma melhor qualidade do sono, caso o seu esteja sendo afetado.

O tratamento mais eficaz para o sono ruim é a TCC para insônia, ou TCC-I. De quatro a oito sessões podem fazer uma enorme diferença no sono de uma pessoa. Os principais princípios do tratamento são:

- **Siga um horário regular para ir dormir e acordar.** Mantendo um horário regular, o seu corpo sabe quando está na hora de dormir e quando está na hora de despertar, e fica mais fácil adormecer e dormir um sono profundo.
- **Não passe mais tempo na cama do que você consegue dormir.** Se você consegue dormir sete horas por noite em média, mas passa nove horas na cama, passa duas horas desperto na cama (e provavelmente estressado por não dormir) ou dorme mal. Passando menos tempo na cama, acabamos, na verdade, dormindo mais. A média dos pacientes de TCC-I é de 43 minutos a mais de sono, embora eles passem 47 minutos *a menos* na cama — tempo que pode ser investido em outras atividades.
- **Saia da cama se não estiver conseguindo adormecer.** Se você sabe que o sono não vem logo, faça alguma outra coisa em outro compartimento da casa (como ler ou assistir a seu programa favorito na TV). Volte para a cama quando sentir sono. Repita esse procedimento conforme necessário. É melhor passar o tempo fazendo algo de que você gosta do que ficar deitado na cama sentindo-se frustrado. Essa recomendação se aplica a qualquer período da "janela do sono" — início, meio ou fim.
- **Em geral, evite os cochilos.** Quando cochilamos durante o dia, reduzimos o impulso de nosso corpo para o sono, o que pode dificultar a nossa capacidade de adormecer e dormir um sono profundo à noite. Se você quiser tirar uma soneca, programe-se para fazê-lo mais cedo durante o dia, e que o cochilo seja curto.
- **Evite a cafeína ao final do dia.** Como regra geral, a cafeína após o almoço tende a interferir no sono noturno. Dependendo da sua sensibilidade aos seus efeitos, é possível que seja necessário evitar a cafeína até mesmo mais cedo no decorrer do dia.
- **Lembre-se de que uma noite de sono ruim quase certamente não é um desastre.** É fácil entrarmos em pânico quando não conseguimos dormir e pensarmos que estaremos "acabados" no dia seguinte. Na verdade, normalmente conseguimos funcionar de forma adequada, mesmo se, às vezes, sentirmos mais sono do que o normal.

Caso continue a ter dificuldade com o sono, considere marcar uma consulta com um especialista em medicina do sono.

Tire alguns instantes para considerar a seguinte abordagem: você observa alguma etapa que pareça lhe dar problema? Por exemplo, você tem dificuldade em priorizar as tarefas porque tudo parece importante e você não sabe por onde começar? Você elabora um bom plano para fazer as coisas e depois tem dificuldade para executá-lo?

_____

_____

_____

_____

_____

_____

_____

APROVEITE AO MÁXIMO O SEU TEMPO

Cada um de nós dispõe de um determinado tempo na vida e a cada dia. O tempo que temos nos dá inúmeras oportunidades, o que também apresenta um problema: como fazer o melhor uso possível desse tempo finito diante de infinitas possibilidades?

Cada um de nós é administrador do tempo que nos é designado na Terra, razão pela qual podemos considerar a gestão do tempo um trabalho sagrado. Embora a gestão do *tempo* e a gestão de *tarefas* sejam dois lados da mesma moeda, o tempo que temos é inegociável, uma vez que, obviamente, não podemos gerar mais tempo. As tarefas, por outro lado, são mais flexíveis, visto que podemos realizá-las agora, mais tarde ou nunca.

Transferir o foco daquilo que estamos realizando para a maneira como estamos empregando o nosso tempo pode ser algo libertador. Podemos nos perguntar diariamente: "Como posso passar bem este dia?". Desde que passemos o nosso tempo realizando as tarefas mais importantes e envolvidos na experiência, aquilo que não realizamos é, em grande parte, irrelevante.

Se você vive dizendo coisas como "Não tenho tempo suficiente", veja se é possível concentrar-se em simplesmente utilizar o seu tempo da melhor maneira possível. O tempo que temos é o tempo que temos. Se conseguimos fazer amizades com o tempo de que dispomos, podemos concentrar nossos esforços em fazer o melhor uso possível desse tempo.

Para as seções seguintes, você vai precisar da sua agenda; por isso, trate de tê-la à mão. Pode ser uma agenda eletrônica ou impressa – como for melhor para você. Verifique apenas se essa agenda contém todos os seus compromissos, em vez de ter agendas separadas para as diferentes áreas de sua vida (p. ex., agendas separadas para o trabalho e para casa).

Identificação de tarefas

– O que você precisa fazer? – perguntei a Walter.
Ele balançou a cabeça. – Tanta coisa – respondeu. – Parece impossível.
– Vamos ver se é – eu disse. Juntos, fizemos uma lista de todas as tarefas pendentes de Walter, incluindo as solicitações de extensão de prazo do outono passado para a conclusão de trabalhos. A sua lista ficou da seguinte maneira:

- Concluir os trabalhos pendentes
- Ler seis capítulos do livro de psicologia
- Seis problemas de matemática
- Dois experimentos para "introdução à psicologia"
- Fazer o trabalho de história

Ao examinarmos juntos essa lista, Walter me disse ter sentimentos conflitantes em relação a ela. Por um lado, parecia um volume incrível de trabalho; por outro, parecia menor do que ele imaginava. Antes de anotar os itens, parecia um número infinito de coisas, ao passo que agora era uma lista de tarefas grande e intimidante, mas finita.

Quando nos atrasamos, o primeiro passo é simplesmente preparar uma lista do que temos a fazer. Em geral, é mais fácil manusear algo no papel do que na cabeça. Escolha as atividades que você precisa realizar na próxima semana ou nas próximas duas semanas; mais tarde, você pode aplicar os mesmos princípios a objetivos de longo prazo. A lista não precisa incluir atividades da vida diária – dormir, tomar banho, comer e assim por diante –, a menos que você não esteja encontrando tempo para essas coisas.

Caso você esteja com dificuldade para fazer as coisas, crie, a seguir, uma lista daquilo que você precisa realizar. No momento, não se preocupe em desmembrar as tarefas em partes mais manuseáveis – essa etapa virá mais tarde. Deixe a primeira e a última colunas em branco por enquanto.

Ordem	Tarefas	Prazo

Agora, tire alguns instantes para rever a sua lista. O que se destaca? Como você se sente ao ler a lista?

_____

_____

_____

_____

_____

_____

_____

_____

Priorização de tarefas

Walter e eu retornamos à sua lista e vimos por onde ele deveria começar. – Eu quero terminar esses trabalhos pendentes durante o recesso de primavera – ele disse, o que significa que precisaria concluí-los antes do final de março. Repassamos um item de cada vez e escrevemos a data em que ele precisava ou queria concluir cada um. Essas datas determinavam a ordem em que ele cuidaria de cada item.

1. Terminar trabalhos pendentes – 18 de março
5. Ler seis capítulos do livro de psicologia – 6 de abril
3. Dois experimentos para "introdução à psicologia"– 30 de março
4. Seis conjuntos de problemas de matemática – 2 de abril
2. Fazer o trabalho de história – 23 de março

Retorne à sua lista de tarefas. Quando cada uma precisa ser concluída? Escreva ao lado de cada uma. Com base nessas datas, designe uma ordem numérica para cada tarefa, sendo 1 para a primeira tarefa que precisa ser realizada.

Planejamento e realização de tarefas

Com base na sua lista priorizada, Walter sabia que se concentraria primeiro nas matérias não concluídas. É compreensível que ele tenha achado sufocante a ideia de "terminar os trabalhos incompletos". – Por onde começar? – ele se perguntava. Era o mesmo sentimento que simplesmente o impedia de terminá-los.

Desse modo, juntos, desmembramos essa grande tarefa em tarefas menores. Começamos relacionando o que Walter precisava fazer para cada matéria. Desmembramos, ainda, as tarefas maiores em etapas aparentemente factíveis para Walter:

Concluir tarefas pendentes:

<u>Biologia:</u>
Trabalho de pesquisa
- Rever tópico e artigos de pesquisa
- Resumir estudos existentes
- Descrever uma questão de destaque
- Descrever a resposta proposta n° 1
- Evidências favoráveis
- Evidências contra
- Descrever a resposta proposta n° 2
- Evidências favoráveis
- Evidências contra
- Conclusões

<u>História:</u>
Documento de reflexão n° 1
Documento de reflexão n° 2
Trabalho final
- Fazer esquema
- Escolher fontes
- Introdução
- Seção 1
- Seção 2
- Conclusões

Dê uma olhada na sua primeira atividade a ser realizada. Conviria desmembrá-la em partes menores ou parece ser uma parte realista a ser trabalhada do jeito que está? Utilize o espaço a seguir se precisar dividir a atividade em subtarefas menores:

Tarefa:

Subtarefas:

Use o formulário "Desmembramento de tarefas", fornecido no final deste capítulo (ver página 140), se precisar fazer o mesmo para outros itens da sua lista.

Enquanto planejava cuidar de suas tarefas não concluídas, Walter fixava datas para quando ele precisava concluir cada parte do plano, tendo em mente o prazo final de 18 de março. Fizemos o planejamento em 12 de março, de modo que o plano dele ficou da seguinte maneira:

Concluir tarefas pendentes:
Biologia – 16/03
Trabalho de pesquisa
- Rever tópico e artigos de pesquisa – 12/03
- Resumir estudos existentes – 13/03
- Descrever questão de destaque – 13/03
- Descrever a resposta proposta nº 1 – 14/03
- Evidências favoráveis – 14/03
- Evidências contra – 14/03
- Descrever a resposta proposta nº 2 – 15/03
- Evidências favoráveis – 15/03
- Evidências contra – 15/03
- Conclusões – 16/03

História – 18/03
Documento de reflexão nº 1 – 12/03
Documento de reflexão nº 2 – 13/03
Trabalho final – 18/03
- Fazer esquema – 14/03
- Escolher fontes – 14/03
- Introdução – 15/03
- Seção 1 – 16/03
- Seção 2 – 17/03
- Conclusões – 18/03

SEMANA 5 | Gestão do tempo e de tarefas **125**

Perguntei a Walter se esse plano lhe parecia realista. Ele teria alguma preocupação com a sua capacidade para realizar cada tarefa? Começamos com o plano para o final daquele dia. Ele havia dito que queria elaborar um documento de reflexão para a sua aula de história e rever o tópico de biologia e os artigos de pesquisa que havia optado por incluir. – O trabalho tem apenas uma ou duas páginas e é sobre um assunto que conheço bem, portanto acho que isso não será problema. E eu só preciso rever o tópico que escolhi para a minha aula de biologia e dar uma olhada nos artigos de pesquisa novamente. Desse modo, portanto, acho que consigo dar conta disso – ele disse.

Se você dividiu a(s) sua(s) tarefa(s) em subtarefas, decida quando precisa concluir cada subtarefa com base no prazo em que a sua tarefa precisa ser concluída, recuando a partir do prazo de conclusão de toda a tarefa. Acrescente os prazos à(s) sua(s) lista(s) de subtarefas.

A etapa final da fase de planejamento era a inserção dos itens na agenda de Walter. Ele trabalhou em função de outros compromissos – ele ia sair para jantar com a família no dia 17 de março, por exemplo – e reservou os horários em que realizaria cada atividade. Inicialmente, ele relutou em designar um horário específico para cada tarefa. – Não era assim que eu trabalhava anteriormente – explicou. Conversamos sobre os prós e os contras de ser específico em relação ao seu cronograma, e ele concordou em tentar essa nova abordagem nesta semana.

Cada tarefa que você programou precisa de um horário específico quando você se planejar para realizá-la. Utilizando a lista que você criou anteriormente para a sua primeira tarefa, arranje um espaço na sua agenda para anotar quando irá realizá-la. Caso você tenha desmembrado a tarefa em subtarefas, programe os horários para cada subtarefa. Repita esse processo para cada tarefa da sua lista. Você pode transferir uma tarefa para um horário diferente se houver alguma mudança na sua agenda (p. ex., se surgir um compromisso de família).

Às vezes essa abordagem pode parecer demasiadamente estruturada, especialmente se você estiver acostumado a um cronograma mais flexível. Caso esteja se sentindo intimidado por esse plano, experimente-o por alguns dias com um número limitado de tarefas. Planeje realizar algumas tarefas em horários especificamente programados e outras em um período de tempo mais flexível (p. ex., em um determinado dia). Desse modo, você terá uma base para comparar uma abordagem de gestão de tarefas mais estruturada e outra menos estruturada.

Tire alguns instantes para refletir sobre o processo até aqui. Como você se sente em relação a essa abordagem? Anote as suas reflexões no espaço a seguir.

_____

_____

_____

_____

_____

_____

_____

_____

_____

_____

A etapa final é seguir o plano que você elaborou para si mesmo. Se você tiver identificado, priorizado e planejado, grande parte do trabalho já estará feita. No decorrer da próxima semana, mantenha um cuidadoso controle de quando você programou fazer as coisas e realize cada tarefa no tempo designado, se possível. Caso não consiga realizar algo como planejado, transfira-o para outro horário.

MISE EN PLACE

Se você já assistiu a um programa de culinária, sabe que todos os ingredientes são preparados e colocados à disposição dos *chefs* antecipadamente – um processo chamado *mise en place*, expressão francesa que significa "colocar as coisas no lugar" antes de começar a cozinhar. Quando chega a hora de cozinhar, o *chef* simplesmente adiciona cada ingrediente no momento certo. Da mesma maneira, podemos praticar o *mise en place* com a nossa gestão de tarefas, preparando quando e como realizaremos essas tarefas antes de executá-las. Embora inicialmente tome tempo, esse processo poupa tempo em longo prazo, uma vez que nos permite trabalhar com mais eficiência e menos estresse.

Prepare-se para ser bem-sucedido

O plano para a realização de tarefas é relativamente direto e objetivo: escolher, priorizar, planejar e executar. Quem dera fosse sempre fácil assim! Quando estamos ansiosos e deprimidos, muitas coisas podem atrapalhar o cumprimento tranquilo do plano que preparamos para nós. Vamos tomar por base a abordagem geral e incorporar estratégias que preparem você para ser bem-sucedido.

Crie partes manuseáveis

Para cada tarefa, Walter se perguntava se ele se achava capaz de realizá-la. Quando estávamos planejando o trabalho de história, ele disse em dado momento: – Não tenho ideia de como fazer esse trabalho.

Walter explicou que a ideia de redigir um artigo lhe parecia algo descomunal, mais do que ele conseguia absorver ou conceber.

– Você sabe fazer um resumo? – perguntei a ele.

– Sim, eu consigo fazer – ele respondeu. –Mas eu nunca precisei fazer anteriormente; eu poderia simplesmente ir montando-o à medida que fosse desenvolvendo o texto.

Falamos rapidamente em aceitar isso por enquanto. O seu antigo método de trabalho não estava funcionando, e ele concordou que precisava desmembrar a tarefa. A cada etapa, eu lhe perguntava: – Você sabe fazer? – ou seja – Você tem uma ideia clara de como começar? Quando não tinha, ele trabalhava no sentido de desmembrar a tarefa em partes ainda menores.

Quando vimos o plano para a elaboração de seu artigo, ele disse: – Sinto-me meio bobo por ter tudo "mastigado" assim. Quero dizer, eu já escrevo artigos há muitos anos. Mas isso, de fato, parece facilitar.

Quando estamos tendo dificuldade para começar, algumas tarefas podem parecer como quando estamos tentando tirar um *frisbee* de cima de um telhado sem usar uma escada. Ficamos lá em pé, com os olhos fixos no *frisbee*, desejando que pudéssemos levitar. Não há nada de errado conosco por não conseguirmos levitar; mas precisamos de uma escada. Uma escada transforma uma lacuna de 3 m em uma série de lacunas de 0,30 m.

Para qualquer tarefa que você planejar, veja se lhe parece uma etapa que você possa cumprir com relativa facilidade. Se estiver tendo dificuldade para realizar um grande projeto no trabalho, por exemplo, você já desmembrou a tarefa em etapas suficientemente pequenas para ter uma ideia clara de como realizar cada uma? Ou, se você estiver atrasado nas tarefas em casa, você sabe por onde começar?

Tire alguns instantes agora para pensar em um projeto que você esteja tendo dificuldade para realizar. Anote-o no espaço a seguir.

_____

_____

_____

Você precisa desmembrá-lo em etapas menores? Em caso afirmativo, como seriam as etapas?

Etapa 1:

_____

Etapa 2:

_____

Etapa 3:

_____

Etapa 4:

_____

Etapa 5:

_____

Etapa 6:

_____

Reveja as etapas que você identificou. Cada uma delas lhe parece manuseável? Se necessário, desmembre cada etapa em etapas menores.

"VOU TENTAR."

A palavra "tentar" pode ter muitos significados diferentes, como aprendemos com o dr. Rob DeRubeis, um de meus supervisores de terapia na pós-graduação. O verdadeiro significado da palavra de acordo com o dicionário envolve esforço e ação. Por exemplo, as pessoas *tentam* escalar o Monte Everest. Às vezes dizemos "vou tentar" quando queremos dizer algo mais próximo de "eu quero" ou "eu espero", como em "Vou tentar ir à academia amanhã". Se você disser "eu vou tentar", observe se tem intenção no sentido ativo ou no sentido de querer. Quanto mais ativa for a sua tentativa, mais você se prepara para ser bem-sucedido.

Seja realista em relação ao tempo

Uma das etapas mais importantes no planejamento para o sucesso é permitir-se tempo suficiente para realizar as suas tarefas. É fácil ser excessivamente otimista em relação ao que podemos realizar em determinado tempo, e, se não terminarmos, ou se tivermos de nos apressar e não fizermos o melhor trabalho possível, não ficaremos satisfeitos com o resultado.

Ao planejar as suas tarefas, pense cuidadosamente em quanto tempo cada uma deve tomar do seu tempo. Cuidado para não se planejar para quanto tempo algo "deve" levar e, em vez disso, planejar-se para quanto tempo a tarefa *provavelmente* levará. Por exemplo, posso dizer comigo mesmo: "Eu devo conseguir fazer compras de supermercado em 45 minutos". Mas, se eu pensar nas vezes em que estive nesse estabelecimento recentemente, foi sempre, pelo menos, uma hora e 15 minutos, porque eu não calculo o tempo que passo na fila e guardando as compras em casa. É desmoralizante sentir como se estivéssemos sempre demorando demais para fazer algo. Se você observar que subestimou o tempo que levaria para fazer as coisas, utilize essas informações na próxima vez que programar a tarefa.

Utilize alarmes e lembretes

Para qualquer tarefa que você planejar, certifique-se de que possui um lembrete quase à prova de falhas para quando executá-la. "Eu só preciso me lembrar" é uma receita para o esquecimento. É bastante difícil "lembrar-se de lembrar-se" quando estamos nos sentindo bem, e mais difícil ainda quando estamos ansiosos e deprimidos.

Existem diferentes métodos que podem funcionar. Uma forma confiável é registrar os compromissos na agenda eletrônica do seu celular e ativar a função de notificações para que o telefone acione um alarme para lembrá-lo. Mantenha o telefone por perto e com o som ligado para que você não perca o lembrete.

Além disso, execute a tarefa assim que o alarme tocar. Se, por alguma razão, você não puder, ative outro lembrete. Se você se pegar dizendo algo como "Vou só terminar o que eu estou fazendo aqui e depois cuido disso", pare e ative outro lembrete. Do contrário, é o mesmo que não ativar o alarme, uma vez que é muito fácil envolver-se com outra coisa e esquecer-se de fazer o que você havia planejado.

Crie responsabilidade

– Eu preciso também entrar em contato com a minha diretora acadêmica – Walter me disse. – Ela me pediu para mantê-la atualizada neste semestre, e eu a tenho evitado desde que me atrasei – continuou. Em seguida, ele fez uma pausa. – Eu tenho evitado também os meus professores... e o meu orientador. Eu sei que é melhor mantê-los informados sobre como estão as coisas, mas isso serve também como um desagradável lembrete de que não estou no controle da situação.

Elaboramos um plano para que Walter contatasse cada um de seus professores naquela noite por e-mail. Ele estava nervoso e nós trabalhamos juntos para montar um esquema do que ele precisava dizer. Ele achava que o seu maior desafio era falar com a diretora acadêmica, o que o deixava um tanto receoso. Ele não confiava em si mesmo para tomar a iniciativa de enviar-lhe um e-mail, por isso redigiu e enviou o e-mail em meu consultório.

Discutimos a importância da responsabilidade na segunda semana, quando abordamos a questão da ativação comportamental (páginas 57-59). Os mesmos princípios aplicam-se aqui. Se soubermos que outra pessoa está a par dos nossos planos, temos maior probabilidade de realizá-los.

Quando enfrentamos dificuldade para cuidar de nossas responsabilidades, geralmente evitamos ter contato com as pessoas com as quais sentimos estar em falta: professores, chefes, clientes, cônjuge. Podemos dizer a nós mesmos que elas não precisam saber o que está acontecendo enquanto não estivermos em dia, ou que, como não temos contato há muito tempo, será incrivelmente desconfortável conversar com elas agora. Na grande maioria dos casos, perde-se mais do que se ganha evitando contato com pessoas perante as quais temos responsabilidades.

SEMANA 5 | Gestão do tempo e de tarefas **131**

Existem pessoas na sua vida com as quais você precisa fazer contato e tem evitado? Em caso afirmativo, escreva no espaço a seguir quem são essas pessoas.

_____

_____

_____

_____

_____

_____

Caso esteja na hora de fazer contato com essas pessoas, assinale aquelas que você contatará nesta semana e anote na sua agenda quando o fará.

Decida começar

Muitas vezes, evitamos iniciar um projeto por não sabermos exatamente como fazê-lo. Por exemplo, em diversas ocasiões eu protelei a tarefa de escrever *e-mails* por não saber o que dizer. Entretanto, a partir do momento em que *decidimos* iniciar um projeto, nós nos damos a oportunidade de descobrir como fazê-lo. Se esperamos até que saibamos como realizar a tarefa, podemos nunca começar, pois descobrir como fazê-lo faz parte da tarefa.

Podemos protelar as tarefas, tanto grandes quanto pequenas, por não sabermos exatamente o que vamos fazer. Existem tarefas na sua vida que você tenha protelado por não saber como executá-las? Em caso afirmativo, anote-as no espaço a seguir.

_____

_____

_____

_____

_____

_____

Assinale quaisquer tarefas que você queira iniciar nesta semana e acrescente--as ao seu cronograma.

Recompense-se

Temos mais probabilidade de fazer as coisas quando elas levam a uma recompensa. Embora a realização de atividades em si possa ser algo recompensador, podemos nos ajudar ainda mais buscando pequenas recompensas por alcançar um objetivo.

Viciado em política, a recompensa de Walter era fazer uma pausa para ler duas notícias depois de trabalhar 45 minutos. Ele se sentia mais motivado por almejar algo imediatamente após o seu trabalho. Sabendo que tinha de trabalhar apenas 45 minutos por vez, ele dividia o seu trabalho em segmentos factíveis.

Pense nas maneiras pelas quais você pode se dar pequenas recompensas por desempenhar as suas tarefas. Os exemplos incluem lanches, entretenimento, relaxamento, socialização – seja o mais criativo que precisar para encontrar algo que funcione para você. Uma ressalva: evite atividades que tendam a viciar, como jogar videogame ou ver TV. Minimize o risco de uma recompensa interferir no seu retorno à tarefa em questão. Além disso, não deixe a recompensa imediatamente disponível depois que retornar ao trabalho – por exemplo, feche o navegador da internet ou devolva os biscoitos ao armário.

Crie espaço

Quando Walter retornou à faculdade, ele achava quase impossível trabalhar em seu dormitório. O seu colega de quarto era uma distração frequente, assim como os outros estudantes que geralmente davam uma paradinha quando passavam por lá. Mesmo quando estava sozinho com a porta fechada, ele era atraído por diversas distrações: TV, videogame, música. Walter percebeu que precisava trabalhar em uma parte sossegada da biblioteca para ser produtivo.

Trabalhamos melhor quando temos o espaço de que necessitamos, tanto físico quanto mental. Podemos criar espaço físico organizando a nossa área de trabalho – seja um escritório, uma mesa, uma cozinha ou uma garagem. Em um primeiro momento, a organização toma tempo, mas depois também acaba poupando o nosso tempo.

Você precisa organizar o seu espaço de trabalho para facilitar a execução das suas tarefas? Anote os seus pensamentos no espaço a seguir.

_____

_____

_____

_____

_____

Precisamos também de espaço mental para trabalhar bem, o que significa eliminar distrações desnecessárias. Se você estiver trabalhando em uma planilha complicada, por exemplo, feche o *e-mail* e silencie o telefone para não ser perturbado.

O que tende a distraí-lo quando você está tentando ser produtivo? Existem maneiras de eliminar as distrações do seu ambiente? Registre os seus pensamentos no espaço a seguir.

_____

_____

_____

_____

_____

A prática da aceitação

Talvez mais do que qualquer outra coisa, uma atitude de aceitação pode fazer uma enorme diferença na tarefa de cuidar do que precisamos fazer. Precisamos aceitar, antes de tudo, que às vezes será difícil seguir o nosso plano. A dificuldade não significa que devamos abandonar o plano. Pelo contrário, as coisas que valem a pena tendem a ser difíceis. Em vez de recuar diante da dificuldade, podemos abraçá-la: "Isso é difícil". E podemos enfrentar a dificuldade, em vez de fugir dela.

Podemos também aceitar o fato de que enfrentaremos o nosso medo e que é desconfortável resistir ao impulso de fugir. Podemos nos perguntar: "Até que ponto estou disposto a me sentir desconfortável por fazer o que é importante para mim?". Em geral, podemos sofrer menos simplesmente aceitando o desconforto – deixando de resistir à dor, mas reconhecendo que isso fará parte do que precisamos realizar no momento.

Quando você chega ao seu limite e se sente tentado a evitar, o que você pode dizer a si mesmo para incentivar a aceitação do inevitável desconforto?

_____

_____

_____

_____

_____

Na próxima semana, trabalhe as atividades que você planejou no seu cronograma. Incentivo você também a escolher duas ou três das estratégias para o sucesso e nelas se concentrar à medida que você cumpre o seu plano. O fato de trabalhar um número limitado de estratégias de cada vez pode proporcionar um foco útil à medida que você pratica possíveis novas habilidades. Anote nos espaços a seguir as estratégias em que você pretende se concentrar.

1.

_____

2.

_____

3.

_____

Obstáculos e como eliminá-los

Se você estiver tendo dificuldade em realizar as suas tarefas, vários obstáculos geralmente podem atrapalhar. Felizmente, os fatores que abordamos podem ser muito úteis para vencê-los.

Estou procrastinando

A maioria das pessoas eventualmente adia as coisas. Às vezes sabemos exatamente o que precisamos fazer e esperamos para fazê-lo; em outras, temos uma decisão a tomar e a adiamos. De qualquer dos dois modos, estamos procrastinando.

Existem determinadas tarefas que você costuma adiar? Em caso afirmativo, o que leva você a protelá-las? Como você se sente enquanto está procrastinando?

_____

_____

_____

_____

_____

Por que procrastinamos? Normalmente, por uma das seguintes razões: por receio de não nos sairmos bem ou por aversão à tarefa. Qualquer coisa que possamos fazer para reduzir o nosso medo e tornar a tarefa mais agradável pode servir para combater a procrastinação.

Além de praticar vários dos fatores examinados anteriormente – a prática da aceitação do fato de que temos medo, aumentando a nossa responsabilidade, recompensando-nos ou desmembrando uma tarefa em partes mais manuseáveis –, podemos também, utilizando as ferramentas da terceira e da quarta semanas, abordar pensamentos que incentivam a procrastinação. Por exemplo, podemos dizer a nós mesmos que a procrastinação é útil de alguma forma, ou que "só queremos relaxar" – embora a maioria das pessoas não "curta" muito o tempo que passa evitando algo.

Walter reconhecia um tema em seu pensamento quando estava evitando fazer algo que ele sabia que tinha de fazer. Ele dizia consigo mesmo: "Isso é difícil demais para fazer agora. Será mais fácil fazer mais tarde". No entanto, ele raramente achava que ficava mais fácil – e acabava realizando a tarefa por desespero sob pressão do prazo. Walter criou um pensamento mais realista que dizia: "Eu provavelmente nunca vou ter vontade de fazer essa tarefa, portanto é melhor cuidar dela agora em vez de continuar temendo-a".

Você tem consciência de algo que diz a si mesmo sobre procrastinação que possa não ter fundamento? Em caso afirmativo, o que você poderia dizer que fosse útil?

TRANSTORNO DE DÉFICIT DE ATENÇÃO/HIPERATIVIDADE

Os problemas de atenção, realização de tarefas, pontualidade e procrastinação também são proeminentes no transtorno de déficit de atenção/hiperatividade, ou TDAH, de acordo com o *DSM-5*. Embora muitas das mesmas técnicas apresentadas neste capítulo sejam utilizadas no tratamento do TDAH (ver, p. ex., *Integrative Treatment for Adult ADHD* [Tratamento integrativo de TDAH em adultos], de Ari Tuckman), essas técnicas não têm por finalidade funcionar com tratamentos independentes para essa condição. Caso tenha TDAH combinada a depressão e ansiedade, converse com um profissional especializado em saúde mental sobre a melhor abordagem de tratamento para você.

PONTUALIDADE

Você costuma se atrasar quando precisa chegar a algum lugar? A pontualidade é uma tarefa que consiste em chegar a um determinado lugar dentro do prazo estabelecido, e os princípios da gestão do tempo e de tarefas abordados neste capítulo aplicam-se igualmente a esse caso. Se você quiser melhorar a sua pontualidade, experimente usar alarmes e lembretes, ser realista em relação ao tempo, usar a responsabilidade e se recompensar por estar no horário.

Estou sobrecarregado

Quando nos atrasamos, geralmente temos a sensação de que o que temos para fazer é mais do que podemos absorver. Se tivermos em mente tudo o que não é feito, naturalmente vai parecer demais. Acostume-se a tratar a sua tarefa atual como se fosse a única coisa que você tem a fazer – porque, enquanto estiver concentrado nela, essa é, de fato, a única coisa que você tem de fazer. Você pode acostumar-se a dizer a si mesmo, "Essa é a única coisa que eu tenho de fazer neste momento".

Certificar-se de que cada tarefa é manuseável e saber que você atribuiu um tempo específico para executar cada uma delas pode ajudar também em relação à sensação de sobrecarga. A eliminação de distrações desnecessárias à sua volta pode igualmente criar mais espaço mental em que você possa trabalhar.

Por fim, podemos nos fazer a seguinte pergunta importante: tudo isso precisa ser feito? Quando se flagrar dizendo a si mesmo ou sentindo *Eu tenho de fazer isso*, você pode se perguntar: "Tenho mesmo? O que aconteceria se eu não fizesse?". Às vezes a resposta será: "Sim, de fato, eu realmente preciso fazer isso". Outras vezes, poderemos decidir que, por mais que *queiramos* realizar algo, o custo para o nosso bem-estar não vale a pena.

Não tenho motivação

A motivação tende a ser baixa porque a tarefa não é agradável ou por falta de determinação para realizá-la. É como se estivéssemos com o pé plantado no freio e o nosso acelerador não estivesse funcionando. Podemos tirar o pé do freio e tornar a tarefa menos desagradável – desmembrando-a em partes manuseáveis, por exemplo. Podemos também acionar o nosso acelerador e tornar a tarefa mais recompensadora, oferecendo-nos pequenos incentivos para executá-la, por exemplo. Felizmente, a motivação cresce à medida que ganhamos impulso.

O que você descobriu aumenta a sua motivação para realizar as suas tarefas?

Eu devo ser capaz de fazer isso

Às vezes podemos resistir ao uso das estratégias de gestão do tempo e de tarefas para nos ajudar a cuidar de nossas responsabilidades. Podemos nos dizer coisas como "Isso não deve ser tão difícil" ou "Eu simplesmente vou me obrigar a fazer isso".

Uma mentalidade de aceitação é muito útil nesse sentido. Quando aceitamos que as coisas são do jeito que são, tornamo-nos receptivos ao uso das ferramentas que nos ajudarão a "desempacar".

Você teve algum receio de utilizar as ferramentas apresentadas neste capítulo como auxílio para executar as suas tarefas? Anote o que você acha que isso significa, caso confie nesses tipos de estratégia.

Neste capítulo, começamos com uma revisão das técnicas das semanas anteriores. Com base nessas técnicas, então, montamos um esquema geral para fazer as coisas. Vimos também algumas maneiras de aumentar as suas chances de realizar as tarefas e como eliminar obstáculos comuns. A conclusão das tarefas a nós atribuídas pode ter um papel importante na redução da nossa ansiedade e depressão. À medida que a nossa ansiedade e depressão diminuem, fica ainda mais fácil cuidar das coisas.

Tire alguns instantes para avaliar como as coisas estão indo para você no momento, depois de cinco semanas deste programa. O que está indo bem? Há alguma área em que você continue tendo dificuldade? Leve em consideração quaisquer reações ao material apresentado neste capítulo. Até a sexta semana, trabalharemos juntos na missão de enfrentar os seus medos.

Plano de atividades

1. Programe e realize cinco atividades.
2. Preencha pelo menos um formulário "Desafie os seus pensamentos".
3. Realize as tarefas que você programou para esta semana.
4. Escolha e implemente de duas a três estratégias desta semana.
5. Programe um tempo para cumprir a sexta semana.

Desmembramento de tarefas

Tarefa: _____

    Subtarefas: _____

    _____

    _____

    _____

Tarefa: _____

    Subtarefas: _____

    _____

    _____

    _____

Tarefa: _____

    Subtarefas: _____

    _____

    _____

    _____

Tarefa: _____

    Subtarefas: _____

    _____

    _____

    _____

SEMANA

6

Enfrente os seus medos

Na semana passada, abordamos o tema da gestão do tempo e de tarefas, incluindo um plano estruturado para a realização de tarefas, e vimos algumas maneiras de vencer obstáculos comuns.

Estamos agora prontos para realizar a grande tarefa final deste programa: como enfrentar os seus medos. Mas primeiro vamos rever alguns temas familiares dos capítulos anteriores, enquanto vemos como as coisas caminharam no decorrer da semana passada.

Você tinha três objetivos principais para a semana passada: continuar a realizar atividades prazerosas e importantes, abordando pensamentos problemáticos e trabalhando formas de administrar o seu tempo e as suas tarefas.

Esperamos que você já esteja vivenciando o sucesso na realização de suas atividades. Caso continue tendo dificuldade, retorne à segunda semana e reveja os princípios, conforme necessário. No espaço a seguir, faça uma breve avaliação dos seus êxitos e de quaisquer desafios da semana passada nessa área.

No decorrer da próxima semana, continue realizando as atividades da sua lista. Se houver algumas classificadas como grau de dificuldade 3 que você não tenha realizado, considere a hipótese de acrescentá-las à sua programação. Além disso, escolha três dias para monitorar as suas atividades utilizando o formulário "Atividades diárias" (página 54).

Na semana passada, você se viu envolto em pensamentos não respaldados por fatos? No espaço a seguir, anote os tipos de pensamento que você observou e questionou.

Agora, você já deve ter alcançado um ponto em que podemos começar a descartar pensamentos de forma mais eficiente, sem passar por todo o exercício de busca de evidências. Normalmente, convém ter algo a dizer em resposta aos pensamentos. Por exemplo, na quarta semana, vimos que Alex, quando tinha um pensamento impreciso, dizia coisas como: "Alguém está mentindo para mim novamente". Existem outras possibilidades, como:

1. "Lá vêm os meus pensamentos."
2. "Ok, de volta à realidade."
3. "Nossa, isso não é verdade."
4. "Nem tudo o que você pensa é verdade."

As opções são infinitas – basta procurar algo com que você se identifique. Na próxima semana, continue observando se e quando os seus pensamentos não estão o ajudando. Caso não consiga descartar facilmente um pensamento perturbador, planeje-se para preencher o formulário "Desafie os seus pensamentos" para essa condição.

Caso tenha planejado realizar algumas tarefas utilizando estratégias específicas de gestão do tempo e de tarefas, como você se saiu no cumprimento do

SEMANA 6 | Enfrente os seus medos **143**

plano que criou? Algo saiu pior do que o esperado, ou melhor? Caso você tenha enfrentado dificuldade para cumprir o seu plano, o que atrapalhou?

Caso tenha tido dificuldade, reveja a quinta semana. Você pode retornar à seção sobre obstáculos e ver se algum deles se aplica ao caso em questão. Em caso afirmativo, reveja possíveis maneiras de eliminar os obstáculos.

Na próxima semana, continue seguindo o plano para relacionar, priorizar e programar as suas tarefas. É possível que sejam necessárias repetidas tentativas para vencer a tendência à esquiva e começar a ser mais produtivo. Tenha paciência para procurar o que funciona para você.

Enfrente os seus medos

– *Eu percebo que, de alguma forma, esse medo tem afetado todos os setores da minha vida.*

Julie vivenciou a ansiedade social pela primeira vez no 8º ano. Hoje aos 27 anos, ela já lutou contra essa condição durante mais da metade de sua vida. Enquanto ela me fala de todas as situações sociais de que tem medo, fica um pouco difícil conciliá-las com a jovem confiante, articulada, com um sagaz senso de humor, que está sentada à minha frente. E eu lhe digo exatamente isso.

– *Não é em todo lugar* – ela me diz. – *Eu sei que você não vai me julgar. Isso acontece sempre que eu estou conversando com alguém que possa pensar que eu sou burra ou desajeitada* – Julie faz uma pausa e depois continua. – *O estranho é que eu sei que não sou burra nem desajeitada. Quero dizer, agora eu sei. Mas, quando eu estou junto de um novo conhecido, ou tenho de falar diante de um grupo, ou ainda quando estou namorando alguém, eu "travo". É como se os refletores estivessem em cima de mim, alguém me entregasse um microfone e eu tivesse esquecido de preparar o meu discurso.*

Julie trabalha desde a época da universidade em uma start-up do ramo de tecnologia e é reconhecida por seu bom trabalho. Kevin, um membro sênior de sua equipe, disse-lhe estar impressionado com suas ideias inovadoras e a incentivou a falar sobre essas ideias nas reuniões da equipe. Por mais que tente, no entanto, Julie não consegue apresentar suas ideias diante dos colegas. Ela ficou mortificada quando Kevin lhe perguntou por que ela não contribuía mais com suas sugestões nas reuniões, e ela teve de admitir que lhe falta confiança para falar na presença de um grupo. Julie sente Kevin agora olhando para ela nas reuniões quando pergunta se "mais alguém tem alguma sugestão". Ela geralmente se sente "imprensada" entre a gentil, mas persistente, pressão do chefe para falar e a sua paralisante ansiedade social.

Recentemente, Kevin lhe disse que quer recomendá-la para um interessante novo projeto, mas está preocupado com a sua capacidade de liderar um grupo. Julie se sentiu secretamente aliviada – ela tem grandes preocupações em liderar um grupo, especialmente quanto à questão de falar diante de um grupo. Ao mesmo tempo, ela quer progredir em seu campo de atuação, e essa seria uma grande oportunidade. Além disso, ela não está namorando, também por causa de sua ansiedade social, portanto, poderia enfrentar um desafio maior no trabalho. Mais uma vez, Julie se sente dividida: entre querer evitar situações sociais que a aterrorizam e ficar "empacada" em um nível abaixo de seu potencial.

Neste capítulo, veremos como enfrentar temores como os de Julie. Embora ela lute contra a ansiedade social, os princípios que abordaremos aplicam-se a todos os tipos de medo.

As técnicas em que nos concentraremos são baseadas no princípio de que a maneira mais eficaz de superar o nosso medo é expondo-nos às situações que o desencadeiam. Por essa razão, essa abordagem de tratamento denomina-se "exposição". A terapia de exposição é utilizada para enfrentar situações que realmente tememos.

Se você tem dificuldade com grandes temores, o trabalho cognitivo que você fez até aqui será útil. Desafiar a validade de nossos temores pode ser um passo crucial no sentido de enfrentá-los. É improvável que nos livremos de nossos temores, mas, a partir do momento em que percebemos que esses temores provavelmente não se justificam, tendemos a nos mostrar mais dispostos a enfrentá-los diretamente.

Tire alguns instantes para refletir sobre os seus medos. Anote no espaço a seguir quais são os seus principais temores. Esses temores o impedem de viver plenamente a sua vida?

_____

_____

_____

_____

_____

_____

_____

_____

_____

_____

_____

Princípios do enfrentamento do medo

Nas primeiras sessões, Julie e eu elaboramos um plano para que ela caminhasse em direção aos seus objetivos. Examinamos os pensamentos que ela tinha em relação às situações sociais – especialmente as previsões que ela fazia de como as coisas transcorreriam em encontros específicos. Com o tempo, Julie percebeu que provavelmente não havia tanto a temer quanto ela pensava. Por exemplo, ela não pensava mal das pessoas, mesmo quando elas faziam algo um pouco bobo, por isso não tinha razão para supor que os outros estivessem sendo altamente críticos em relação a ela.

A essa altura, estava na hora de Julie enfrentar diretamente os seus temores. Começamos revendo os princípios do enfrentamento de nosso medo. Por que fazer algo que sabemos que nos deixará em uma situação desconfortável?

A ansiedade diminui

Se nos sentíssemos tão assustados toda vez que enfrentássemos o nosso medo, seria difícil justificar a razão para fazê-lo. Por que sofrer sem necessidade? O medo é baseado na expectativa de que algo é perigoso. Quando enfrentamos uma situação assustadora e nada de mal realmente acontece, o nosso cérebro adquire novas informações sobre essa situação. Desse modo, quando enfrentamos o medo, ele diminui. Em geral, não precisamos nos convencer a ter menos medo – basta fazer aquilo que tememos que já facilita.

Por exemplo, eu tinha muito medo de aranhas. Certa vez no outono, uma grande aranha-tecelã fez a sua teia no caixilho da porta da minha garagem. Todo dia de manhã, eu passava pela aranha a caminho da garagem. Nas primeiras vezes em que a vi, fiquei muito nervosa e passei por ela o mais rápido possível, meio que esperando que ela pulasse em mim. Passadas algumas semanas, passei a ter menos medo da aranha, e até a vê-la de forma amigável. Na realidade, eu lamentei que ela tivesse deixado de fazer a sua teia lá e eu não a ter mais visto. Depois dessa experiência, deixei de ter medo de aranhas quando as via.

Pense em uma ocasião em que você enfrentou o seu medo e ele diminuiu e escreva sobre essa experiência no espaço a seguir.

COMO VENCER GRADATIVAMENTE A ANSIEDADE

Anos atrás, eu tratei Ron, um homem de meia-idade que sofria de crises de pânico. Quando descrevi o processo de enfrentar gradativamente o nosso medo, ele me apresentou uma metáfora que eu guardei.

Ron tinha medo de altura quando era mais jovem. Por volta de seus vinte e poucos anos, ele trabalhava com construção em um vilarejo em que a maioria dos prédios tinha apenas dois ou três andares, de modo que o seu medo de altura não era um grande problema. Quando se mudou para uma cidade, onde as empreitadas eram maiores, ele sabia que iria trabalhar em prédios mais altos e tinha a preocupação de não conseguir.

Um de seus primeiros trabalhos foi ajudar a construir um prédio de 16 andares. Ron tinha certeza de que teria de procurar outro projeto em que pudesse trabalhar. Mas, felizmente para ele, os prédios são construídos de baixo para cima. No início ele estava trabalhando no subsolo, na colocação das fundações; depois, no nível do solo nas semanas seguintes. Quando começou a trabalhar no segundo andar, estava um pouco nervoso, mas se acostumou com relativa rapidez.

O terceiro piso não foi muito pior do que o segundo, e logo ele estava confortável trabalhando naquela altura. – Quando o prédio estava na metade, eu sabia que não teria problema – Ron me disse. – Era preciso me acostumar a cada vez que subíamos um pouco mais, mas eu já havia tido experiência suficiente para saber que ficaria bem depois de dois ou três dias. Hoje eu realmente não me preocupo com altura.

A experiência de Ron é uma perfeita aplicação do princípio da exposição. Que princípios você reconhece como responsáveis pela eficácia desse "tratamento"?

Ao enfrentar o medo, use o bom-senso

Naturalmente, o processo de enfrentar o nosso medo só é útil para coisas que não apresentam perigo real. A aproximação de um inseto feroz ou de uma cobra venenosa não proporcionaria uma experiência de aprendizagem positiva! Tenha em mente o seguinte: as atividades que você escolher devem ser relativamente seguras. Embora toda atividade envolva certo nível de risco (até mesmo o ato de sair da cama pela manhã), as coisas que você escolher fazer não devem apresentar maior perigo do que as suas atividades normais do dia a dia.

Trabalhe de maneira progressiva

Julie decidiu que a única maneira de melhorar era enfrentar diretamente o seu medo. Elaboramos uma lista de situações sociais que Julie temia e classificamos cada uma de acordo com o nível de ansiedade que ela sentia quando naquela situação (em uma escala de 0 a 10). As atividades variavam de coisas que ela já fazia àquelas que ela dificilmente se imaginaria fazendo. Em seguida, organizamos hierarquicamente as suas atividades; uma versão abreviada ficaria da seguinte maneira:

Atividade	Nível de ansiedade (0-10)
Fazer uma apresentação no trabalho	9
Namorar	8
Sair com amigos do trabalho	7
Falar nas reuniões de equipe	6
Ir ao cinema com uma amiga	5
Contar à supervisora as suas ideias	4
Puxar conversa com a caixa do supermercado	2

Como você pode ver por essa hierarquia, o nível de ansiedade provocado pelas atividades de Julie varia de baixo a alto (de baixo para cima), e não existem grandes saltos entre os níveis. O ideal é criar uma hierarquia em forma de escada, cujos degraus tenham um espaçamento relativamente regular.

Pense novamente nos seus temores. Quais seriam algumas das atividades que lhe permitiriam enfrentá-los gradativamente? Anote os seus pensamentos no espaço a seguir.

Faça de propósito

– Eu entendo a ideia da exposição – Julie me disse enquanto planejávamos as atividades iniciais –, mas por que eu tenho medo das coisas que já faço? Ou seja, não é como se eu nunca falasse nas reuniões de equipe e contasse as minhas ideias à supervisora.

– Você poderia me falar de uma ocasião recente em que você tenha falado em uma reunião de equipe? – perguntei.

– Claro – ela disse. – O Kevin pediu que cada um de nós o atualizasse sobre como o nosso projeto estava caminhando. Quando chegou a minha vez, eu estava muito nervosa, mas falei o que tinha que falar e senti que me saí bem.

– É assim que normalmente acontece? – perguntei. – Você normalmente fala porque tem que falar, ou você o faz voluntariamente?

Julie pensou e disse: – Acho que é só quando eu realmente devo falar. Ou seja, eu não costumo falar inesperadamente. Eu recearia que as pessoas achassem uma ideia tola e que eu deveria guardá-la para mim.

O exemplo de Julie suscita uma questão importante: para ser eficaz, a exposição precisa ser proposital. O fato de desafiar intencionalmente o desejo de evitar os nossos temores envia uma mensagem poderosa ao nosso cérebro: talvez não precisemos ter tanto medo. Afinal, que mal pode haver se enfrentarmos intencionalmente o nosso medo? *Optar* por enfrentar o nosso medo é mais eficaz do que enfrentá-lo contra a nossa vontade ou com poder de escolha limitada. Por essas razões, a exposição nunca é algo que possa ser feito *a* nós, como obrigar uma pessoa a tocar em uma serpente.

Considere as ocasiões em que você tenha involuntariamente encontrado as coisas que lhe provocam medo. Até que ponto isso ajudou a reduzir o seu medo?

_____

_____

_____

_____

_____

_____

Repita, se necessário

– Eu consegui – Julie me disse na semana seguinte. – Saí com alguns colegas de trabalho e foi tudo bem. Nenhuma das grandes catástrofes que eu temia aconteceu de fato.

– Ótimo – eu disse. – O que você aprendeu com essa experiência?

– Bem, talvez eu não devesse ficar tão nervosa nessas situações. Mas também foi só uma vez e talvez eu tenha tido sorte. Talvez com uma mistura diferente de pessoas ou com temas de conversa diferentes, ou ainda seu eu estivesse me sentindo cansada, as coisas poderiam ter sido muito ruins.

Como Julie constatou, fazer algo uma única vez é um ato de coragem, mas não é terapia. A terapia vem da repetição das atividades até que comecemos a nos sentir mais confortáveis ao realizá-las.

O nosso sistema nervoso não deixa de ter medo de uma situação depois de enfrentá-la uma única vez, o que é perfeitamente justificável. Todos nós provavelmente já fizemos algo perigoso uma vez e saímos impunes, mas imediatamente percebemos que tivemos sorte. É preciso haver repetição para abrandar o nosso medo.

Além disso, as nossas repetidas exposições devem ocorrer relativamente próximas no tempo. Por exemplo, muitas pessoas têm medo de voar. Se tiverem família distante, elas podem voar uma vez por ano, nas férias. A repetição da exposição (nesse caso, voar) uma vez por ano normalmente não é suficiente para fazer qualquer diferença no nosso nível de medo. Voar várias vezes relativamente próximas no tempo pode fazer uma grande diferença.

Resista ao desconforto

– O que aconteceu nesta semana quando você saiu com amigos do trabalho? – perguntei a Julie.

– Houve alguns instantes em que eu realmente queria sair de lá. Fui ao banheiro em dado momento e pensei: "Você poderia simplesmente sair de fininho pela porta dos fundos. Provavelmente ninguém perceberia".

– O que a impediu? – perguntei.

Julie sorriu. – Bem, para começar, eu sabia que nós teríamos esta conversa e não queria dizer que fugi. E, mais do que isso, estou cansada de fugir. Eu tenho fugido de meus temores, mas estou fugindo também da vida. Como vou um dia conhecer alguém e me apaixonar se não conseguir vencer esse medo?

Como Julie permaneceu no local, ela constatou que não tinha de fugir quando as coisas ficavam difíceis. Ela viu também que a sua onda de ansiedade passou.

No passado, ela sempre pensava que fugir da situação era a sua única maneira de aliviar o desconforto.

À medida que progredimos em nossa hierarquia, é importante que permaneçamos em uma situação por tempo suficiente para aprender algo novo. Se fugirmos na primeira sensação de desconforto, estaremos reforçando o nosso comportamento esquivo e a crença de que, se tivéssemos ficado, as coisas poderiam ter ficado muito ruins. É bom quando o nosso medo diminui durante a exposição propriamente dita, embora, como demonstrou uma recente pesquisa conduzida por Michelle Craske et al., isso não tenha necessariamente de acontecer para que o exercício seja útil.

Existem situações em que você tenha fugido em razão de um pico no seu nível de ansiedade? O que você acha que teria acontecido se você tivesse ficado?

_____

_____

_____

_____

_____

_____

_____

_____

Elimine suportes desnecessários

– Eu estou percebendo que muito do que eu tenho feito não é necessário – Julie me disse. – Por exemplo, eu sempre achei que precisava digitar um rascunho do que eu ia dizer em nossas reuniões de equipe. Eu lia o rascunho antecipadamente e o memorizava da melhor maneira possível. Mas aí, quando estava falando, eu lia o que eu havia escrito, o que não me fazia parecer muito dinâmica, ou tentava recordá-lo, e ficava atrapalhada se o esquecesse.

Julie descreveu outras coisas que fazia para evitar que os seus temores se concretizassem; por exemplo, quando se reunia com amigos, ela preferia ir a um cinema a um jantar, a fim de evitar a possibilidade de "pausas embaraçosas de silêncio".

Perguntei a ela o que havia aprendido com o fato de ter se livrado de alguns desses comportamentos.

– Sinto-me como o Dumbo! – ela disse. Olhei para Julie inquisitivamente e ela prosseguiu. – O Dumbo conseguia voar por ter enormes orelhas, mas ele pensava que fosse por causa da "pena mágica" que seus amigos lhe deram. Todos esses suportes eram as minhas "penas mágicas", e, assim como o Dumbo, se eu deixasse a minha pena cair, eu pensaria estar em maus lençóis, como quando eu não conseguia lembrar as palavras que havia memorizado. Agora eu consigo falar em uma reunião e simplesmente faço o melhor que posso. Até agora, tem dado certo.

O que Julie estava descrevendo – as suas "penas mágicas" – já foi chamado de "comportamentos de segurança", por terem a finalidade de nos proteger em situações em que nos sentimos ansiosos. Como Julie descobriu, na maioria das vezes esses comportamentos são desnecessários e podem até ser prejudiciais. Por exemplo, um homem pode memorizar uma lista de perguntas para fazer à sua namorada durante uma eventual queda de ritmo da conversa. Em vez de ter uma conversa natural, ele poderia acabar cortando temas de conversa interessantes e fazendo uma série de perguntas ilógicas.

Mesmo quando não levam a resultados negativos, os comportamentos de segurança podem ter um preço: podemos dizer a nós mesmos que *as coisas poderiam ter dado muito errado se não tivéssemos feito aquelas coisas.* Desse modo, nós nos furtamos à oportunidade de aprender que podemos enfrentar nossos temores sem suportes adicionais.

Pense nas suas próprias situações de medo e no que pode fazer para evitar que o que você teme aconteça. Alguns desses comportamentos o afetam como comportamentos de segurança desnecessários que você poderia pensar em abandonar? Anote os seus pensamentos no espaço a seguir.

Abrace o desconforto e a incerteza

– Como foi a sua apresentação? – perguntei a Julie. Ela alcançou o item mais alto de sua hierarquia, que consistia em fazer uma apresentação sobre o projeto de sua equipe diante de toda a empresa.

– Pior do que eu esperava – ela me disse – e, no entanto, melhor do que eu esperava. Julie continuou: – Pensei que seria apenas o pessoal da nossa empresa. Mas, antes da reunião, Kevin me chamou à parte e me disse que seria também uma espécie de apresentação para investidores atuais e potenciais. Eu não imaginava que iria basicamente apresentar um projeto para angariar financiamento. De modo que a minha ansiedade ficou pior do que eu esperava; se houvesse 11 na escala, eu estaria lá.

– E como foi? – perguntei.

– Eu simplesmente resolvi tratar a questão como uma oportunidade e assumir a ansiedade, em vez de tentar fazê-la desaparecer. Até mesmo porque o que eu iria fazer? Desistir da apresentação? Por isso, eu simplesmente disse comigo mesma: "Não é uma situação confortável para mim, e não tenha ideia do que vai acontecer. Vamos ver aonde isso me leva". E deu tudo certo. Inicialmente eu estava aterrorizada, mas foi ficando mais fácil à medida que eu avançava. E parece que teremos novos investidores para o projeto.

Quando fazemos aquilo que tememos, é quase certo que vivenciemos uma situação desconfortável. Podemos resistir a esse desconforto ou optar por assumi-lo. Quando aceitamos que será assustador, o medo tem menos poder sobre nós. Será desconfortável – nem melhor, nem pior. Apenas desconfortável.

Podemos assumir a incerteza exatamente como assumimos o desconforto. Em vez de recuarmos diante do desconhecido, podemos dizer a nós mesmos: "Não sei o que vai acontecer, mas estou disposto a fazê-lo de qualquer maneira".

Quando está enfrentando os seus temores, como você pode ter incentivo para resistir ao inevitável desconforto e aceitar a natural incerteza? Eis alguns exemplos:

- Lembrar-se de que será difícil e do motivo pelo qual você está disposto a fazê-lo de qualquer modo.
- Alimentar uma atitude de curiosidade em relação à experiência: "Vamos ver o que acontece".
- Ter em mente o que o motivou a enfrentar o seu medo antes de qualquer coisa.
- Lembrar-se de que o desconforto não dura para sempre.
- Recorrer às suas fontes de resistência.

- Saber que poucas grandes realizações são alcançadas por meio da esquiva.

No espaço a seguir, anote as suas lembranças de quando tentou recuar diante de situações incertas ou desconfortáveis.

O que é coragem?
"Coragem não é a ausência de medo, mas o julgamento de que existe algo mais importante do que o seu medo."
– Ambrose Redmoon

A criação de exposição para os diferentes tipos de medo

Embora os princípios gerais da terapia da exposição se apliquem a diversos tipos de ansiedade, podemos aumentar a eficácia da técnica adaptando-a para o tratamento de condições específicas.

Fobias específicas

A exposição para fobias específicas tende a ser mais direta e objetiva. Em muitos casos, uma única sessão de exposição prolongada pode tratar efetivamente a condição em questão. Por exemplo, um estudo constatou que, para 90% das pessoas submetidas ao tratamento, cerca de duas horas de exposição resultaram em melhora duradoura ou até mesmo na recuperação total. O protocolo pode ser eficaz também quando aplicado sem a assistência do terapeuta.

As exposições para fobias devem lhe permitir testar as suas suposições sobre o que acontecerá quando você interagir com a coisa ou situação que lhe provoca medo. Por exemplo, se você tiver medo de ficar preso em um elevador, andar de elevador lhe permite testar essa predição.

Se você sofre de alguma fobia, o que acha que acontecerá se enfrentá-la?

_____

_____

_____

_____

_____

_____

Tenha essas predições em mente. Elas serão úteis quando você criar a sua hierarquia de exposições mais adiante neste capítulo.

Transtorno de pânico

Existem muitas maneiras pelas quais a terapia da exposição pode desempenhar um papel importante no controle do transtorno de pânico. Começaremos com a mais fácil: continue respirando.

Continue respirando. A respiração está intimamente ligada ao nosso sistema nervoso. Quando estamos calmos e relaxados, a nossa respiração tende a ser lenta e estável; quando estamos com medo, ela é acelerada e rasa. Dê algumas respiradas rápidas e rasas agora e observe como você se sente. Em seguida, respire lentamente e veja o que acontece.

Quando temos crises de pânico frequentes, tendemos a respirar de maneira que aumenta a excitação fisiológica e a ansiedade. Praticando alguns minutos de respiração relaxada a cada dia, podemos reduzir o nosso nível de estresse. Se você está trabalhando no sentido de controlar o pânico, planeje-se para passar cinco minutos por dia respirando da seguinte maneira:

1. **Inspire lentamente contando até quatro.** É mais importante que a respiração seja *lenta* do que *profunda*. Respire no ventre o máximo possível, e não no peito. A respiração ventral melhorará com a prática.
2. **Expire lentamente contando até quatro.**
3. **Faça uma pausa e conte até dois ou até quatro, no máximo, antes da sua próxima inspiração.**

Você pode utilizar essa técnica de respiração também durante os seus exercícios de exposição. Quando estamos diante de uma situação desafiadora e preocupados com a possibilidade de entrar em pânico, sentimo-nos como se não tivéssemos controle sobre a situação. Uma coisa que *podemos* controlar é o ponto em que fixamos a nossa atenção, podendo utilizar a respiração como ponto de foco para nos ajudar a enfrentar nossos desafios.

Tenha em mente que o objetivo da respiração é ajudá-lo a vencer o seu momento de exposição, não eliminar a sua ansiedade ou garantir que você não entrará em pânico. Se usarmos a respiração como um meio de "evitar o pânico", o efeito pode ser contrário e resultar em mais ansiedade. Lembre-se: *o objetivo do foco na respiração é o foco na respiração.*

Teste as suas predições. Caso você sofra de transtorno de pânico, esperamos que, a esta altura, você já tenha reavaliado algumas de suas crenças em relação ao pânico. Por exemplo, podemos pensar que uma crise de pânico pode levar ao sufocamento ou à "loucura", quando, na verdade, uma crise de pânico não é perigosa (apesar de muito angustiantes). Podemos testar melhor as nossas crenças em relação ao pânico com exercícios de exposição.

Quais são algumas de suas crenças em relação ao que acontecerá se você entrar em pânico? Tem sido difícil neutralizar alguns desses temores simplesmente desafiando os seus pensamentos? Por exemplo, você espera que algo de ruim aconteça (além do pânico propriamente dito)?

_____

_____

_____

_____

_____

Ao criar a sua hierarquia de exposições, pense nas suas crenças e em como poderá testá-las.

Como enfrentar o medo do medo. No transtorno de pânico, geralmente começamos a temer as reações de nosso próprio corpo, que passaram a ser associadas ao pânico. Por exemplo, podemos começar a temer a frequência cardíaca acelerada porque o nosso coração dispara durante o pânico; consequentemente, podemos começar a evitar atividades que elevem a nossa frequência cardíaca, reforçando ainda mais o nosso medo.

Como qualquer atividade que evitamos por medo, podemos praticar a abordagem dos sintomas físicos para reduzir o desconforto causado por essas condições. Esse tipo de exercício é denominado exposição interoceptiva, cujas atividades e seus consequentes sintomas incluem:

Atividade	Sensações
Respirar por 1 minuto através de um mexedor de café	Sensação de sufocamento
Corrida vigorosa por 1 minuto	Coração acelerado/batendo forte; falta de ar
Dez respirações rápidas e profundas	Hiperventilação; dormência nos membros; sensação "irreal"
Girar em uma cadeira giratória	Tontura

Você desenvolveu algum tipo de medo das sensações corporais relacionadas ao pânico? Em caso afirmativo, que sensações físicas lhe são desconfortáveis? Anote-as no espaço a seguir, bem como as atividades que possam produzir essas sensações.

Caso você tenha tido medo das sensações físicas, programe a inclusão dessas atividades na sua hierarquia.

Receptividade ao pânico. A tentativa de não entrar em pânico com frequência tem o paradoxal efeito de gerar mais pânico. Para muitas pessoas, o antídoto mais poderoso contra o pânico é estar disposto a entrar em pânico. Há quem descreva até uma mentalidade de "provocação da condição". Quando estamos dispostos a ter uma crise de pânico, tendemos a temer menos o pânico – e diminuir a probabilidade de sofrer uma crise de pânico.

Estar disposto a provocar sintomas semelhantes ao pânico por meio da exposição interoceptiva é uma atitude compatível com essa mentalidade. Você pode também praticar a receptividade a sintomas específicos que você vivencie. Por exemplo, se o seu coração começar a disparar, deixe estar – talvez até desejando que ele bata mais rápido. A maioria das pessoas com quem trabalhei acha essa prática bastante desafiadora porque contraria o nosso impulso natural de tentar deter o pânico. Ao mesmo tempo, elas tendem a considerá-la muito difícil.

Transtorno de ansiedade social

A TCC para transtorno de ansiedade social inclui técnicas customizadas para abordar componentes cognitivos específicos da condição.

O uso da exposição para testar as suas crenças. *Julie tinha medo de que as pessoas se sentissem terrivelmente entediadas e desconfortáveis durante a sua apresentação. Trabalhamos no sentido de identificar como Julie poderia saber se elas estavam se sentindo dessa maneira – o que elas estariam fazendo? De que maneira essas atitudes difeririam do comportamento delas quando outras pessoas estavam falando ao grupo?*

Durante a sua apresentação, Julie obrigou-se a levantar o olhar e ver como as pessoas estavam reagindo, embora tivesse medo do que veria. Para a sua agradável surpresa, os seus colegas de trabalho pareciam os mesmos de sempre. Alguns verificavam seus celulares, outros ouviam atentamente e havia aqueles ainda que acenavam afirmativamente com a cabeça. Sendo específica em relação ao que ela esperava e depois comparando a sua predição com o que realmente acontecia, Julie pôde obter uma avaliação justa de suas crenças. Ela concluiu que os seus temores eram infundados nesse caso, e provavelmente em outros também.

Se você criar exposições a situações de ansiedade social, especifique o que você teme que aconteça e como você testará se, de fato, aconteceu algo. É fácil confiar no seu instinto de como as coisas transcorreram. Se tivermos propensão a muita ansiedade social, o nosso instinto tenderá a nos fazer acreditar que nos saímos mal.

Considere uma situação social que você tema e que, ao confrontá-la, aquilo que você teme possa acontecer. Como você poderia criar uma exposição para testar as suas predições?

O abandono dos comportamentos de segurança. – *Estou achando que eu não tenho de fazer tanto quanto eu pensava nas situações sociais – Julie me disse. – Como quando eu saía com os amigos e ficava constantemente pensando no que dizer em seguida. Eu me preocupava muito com qualquer pausa incômoda na conversa.*

– Como tem sido depois que você se libertou de algumas dessas coisas? – perguntei a ela.

– Bem, a princípio eu fiquei surpresa que a conversa não cessasse abruptamente. Eu vinha fazendo isso havia tanto tempo e simplesmente supunha ser a única coisa entre mim e esses terríveis momentos de silêncio – Julie fez uma pausa. – Eu acho que agora realmente me sinto inserida na conversa. Antes eu talvez participasse de um quarto da conversa e de três quartos do que se passava pela minha cabeça, de modo que, na verdade, eu não ouvia a outra pessoa. Eu só estava preocupada em saber que eu tinha algo a dizer.

Julie disse então que uma de suas amigas lhe revelou recentemente que gostava muito de conversar com ela porque Julie era uma boa ouvinte. Julie estava começando a perceber que era uma amiga valiosa, não a pessoa socialmente desajeitada que os outros queriam evitar como ela pressupunha.

Julie constatou que, abandonando os seus comportamentos de segurança (ver página 152), ela era capaz de ser mais ela mesma e de estar mais presente para os outros. Abandonar os comportamentos de segurança é uma atitude

PARTE 2 | Sete semanas

especialmente importante no transtorno de ansiedade social, uma vez que esse tipo de comportamento pode, na verdade, piorar as nossas capacidades sociais, além de nos levar a acreditar que não podemos viver sem ele. Entre outros exemplos de comportamentos de segurança no transtorno de ansiedade social estão os seguintes:

- Manter as mãos enfiadas nos bolsos para que as pessoas não as vejam tremer.
- Ensaiar excessivamente o que vou dizer antes de falar.
- Fazer muitas perguntas para evitar que falem de mim.
- Depender do álcool para relaxar em situações sociais.

Caso sofra de ansiedade social, você seria capaz de identificar algum dos seus comportamentos de segurança em situações sociais? Na sua opinião, quais as vantagens de recorrer a esses comportamentos? E as desvantagens?

_____

_____

_____

_____

_____

_____

_____

_____

Volte a atenção para o exterior. *Enquanto Julie se preparava para criar suas exposições, conversávamos sobre o ponto de foco de sua atenção em situações sociais. – Normalmente, estou sempre de olho para ver como estou indo – ela disse. – Se eu estou prestando atenção na outra pessoa, geralmente é como uma tentativa de ver se a estou deixando em situação desconfortável – ela riu. – Provavelmente é por isso que eu nunca me lembro do nome das pessoas quando somos apresentadas; eu só fico tentando ver se essa pessoa me acha estranha!*

Conversando mais, Julie percebeu que o fato de se concentrar em si mesma só aumenta a sua ansiedade, o que a torna mais autoconsciente e resulta ainda em mais ansiedade. – O que aconteceria se você parasse de se concentrar em si mesma durante as conversas? – perguntei a ela.

– Não sei – ela disse. – Poderia ser melhor. Mas eu me preocupo também com o fato de poder estar agindo de maneira estranha e fazendo as pessoas se sentirem

incomodadas sem que eu nem perceba – ela completou. Julie concordou em praticar a atitude de tirar os "refletores" de cima de si em suas interações sociais para ver o que aconteceria.

O autofoco pode parecer um tipo de comportamento de segurança. Como outros comportamentos desse tipo, essa atitude não nos ajuda e ainda tende a piorar as coisas.

Quando você está em situações sociais desconfortáveis, até que ponto a sua atenção está voltada para si mesmo e para a maneira como você está se saindo, e não para a outra pessoa? Caso se mantenha focado em si mesmo, que efeitos você nota?

_____

_____

_____

_____

_____

_____

_____

Quando exposto a situações de ansiedade social, procure desviar a atenção de si mesmo e do que os outros pensam de você. Você pode optar por se concentrar na pessoa com quem está falando e no que ela está dizendo, ou em *inserir-se* na conversa, na apresentação ou no que você estiver fazendo, em vez de *monitorar* a maneira como o está fazendo.

Transtorno de ansiedade generalizada (TAG)

A maioria dos temores em que nos concentramos até agora diz respeito a coisas improváveis de acontecer – um acidente aéreo, por exemplo – ou que não seriam tão ruins quanto pensamos, como ficar vermelho diante de um grupo. Quando a nossa ansiedade está focada principalmente nas preocupações, o nosso medo é baseado na falta de controle sobre aquilo com que mais nos importamos.

Por exemplo, nós nos preocupamos com a segurança de nossos filhos, ou em perdermos nossos pais, ou com a nossa segurança no trabalho, ou em sermos envolvidos em um acidente sério de trânsito – qualquer coisa que envolva uma terrível decepção, sofrimento ou perda. Mesmo que não atendamos a todos os critérios do TAG, quase todos nós nos preocupamos mais do que o necessário com aquilo que não temos como controlar.

Você se vê rotineiramente preocupado com as coisas? Em caso afirmativo, relacione no espaço a seguir algumas de suas recentes preocupações.

A preocupação como esquiva. É difícil criar uma hierarquia de exposição para as preocupações; por definição, no transtorno de ansiedade generalizada a ansiedade não se limita a um conjunto específico de situações ou objetos. Além disso, a esquiva pode não ser tão aparente quanto em condições como o transtorno de pânico ou uma fobia específica. Todavia, existe uma versão de exposição que pode ser útil para situações de preocupação e esquiva *cognitiva* – o esforço de afastar determinados temores de sua mente – que faz parte do TAG.

O ato de se preocupar consigo mesmo pode ser uma tentativa (normalmente involuntária) de evitar pensar em coisas realmente assustadoras que possam acontecer. Por exemplo, se tivermos pavor de perder o emprego e a casa, a nossa mente pode passar a se preocupar com aspectos sobre os quais temos mais controle, como o fato de chegar ao trabalho no horário. Se temermos perder os nossos pais idosos, as nossas preocupações podem se concentrar em ter certeza de que eles estão tomando seus medicamentos. Nesse processo, a nossa mente está fazendo o máximo possível para afastar a imagem realmente amedrontadora de ficar sem teto, enterrar o pai ou a mãe e outras perspectivas assustadoras.

O problema de afastar os pensamentos de nossa mente é que eles tendem a voltar com mais frequência. Em um clássico estudo conduzido por Daniel Wegner e seus colegas pesquisadores, os participantes foram instruídos a não pensar em um urso-branco por um período de cinco minutos. Obviamente, por mais que eles tentassem não pensar no animal, mais eles pensavam.

A aceitação do que tememos. Quando fugimos do que tememos, aquilo de que temos medo pode parecer pior ainda. O fato de enfrentarmos diretamente nossas preocupações tem o dom de torná-las menos ameaçadoras. Portanto, o antídoto para evitarmos pensar em nossos temores é pensarmos voluntariamente neles. Quando temos a preocupação de que coisas ruins aconteçam, podemos praticar a atitude de nos expormos mentalmente à possibilidade de que aquilo que tememos de fato aconteça.

Por exemplo, se eu me preocupo com a possibilidade de adoecer e perder uma grande viagem de família ansiosamente aguardada, a minha preocupação em perder a viagem pode me levar a pensar em tudo o que eu posso fazer para evitar adoecer: lavar as mãos, dormir o tempo adequado, evitar o contato com pessoas doentes e assim por diante. Preocupando-me com essas questões mais mundanas, eu consigo afastar o pensamento de que eu possa perder a viagem.

Em que pesem os meus melhores esforços, não há como ter certeza de que eu não vou perder a viagem. Consequentemente, a minha mente continua a perguntar "E se eu adoecer?" à medida que a viagem se aproxima. Nesse caso, eu poderia praticar a atitude de aceitar a hipótese de que o que eu temo possa acontecer: – É possível que eu adoeça, perca a viagem e fique muito triste por não estar com a minha família nessa ocasião especial – eu poderia dizer comigo mesmo.

É provável que o meu nível de ansiedade inicialmente aumente pelo fato de eu dizer a mim mesmo que aquilo que eu temo pode acontecer. Entretanto, se continuarmos a praticar a atitude de responder às nossas preocupações com a aceitação, elas tendem a perder efeito e deixar de nos importunar tanto.

Caso você tenha propensão a preocupações difíceis de serem controladas, quais são algumas das afirmativas que o ajudariam a praticar a aceitação da incerteza existente em torno daquilo que o amedronta?

A vida em um futuro imaginário. Quando nos preocupamos com eventos que possam acontecer – como o comprometimento de nossa saúde ou a perda de nossos entes queridos –, podemos nos sentir como se esses eventos já tivessem acontecido. Desse modo, sofremos muito mais, mesmo antes da real ocorrência de um evento desafiador.

Por exemplo, se nos detivermos em uma imagem em que nos imaginamos presos em uma casa de repouso, solitários e deprimidos, passaremos muito tempo nos sentindo mal em relação ao que pode nunca acontecer.

Você seria capaz de se recordar de uma ocasião recente em que tenha se preocupado muito com algo que lhe parecesse já estar acontecendo? Em caso afirmativo, descreva a sua experiência no espaço a seguir.

_____

_____

_____

_____

_____

_____

_____

_____

Eu gosto de combinar a aceitação da possibilidade de que aquilo com que nos preocupamos possa acontecer com um *retorno ao presente*, ou seja, ao que realmente está acontecendo. Desse modo, nós não fugimos de nossas preocupações nem damos a elas mais difusão do que realmente merecem.

Quando estiver preocupado, pratique a atitude de reconhecer que aquilo que você teme possa acontecer. Em seguida, volte a dar atenção ao que quer que você esteja fazendo. Talvez convenha concentrar-se em experiência sensoriais: aquilo que você vê, ouve, cheira, sente e/ou prova.

Tenha em mente que o retorno ao presente não tem por objetivo evitar os nossos temores, mas permitir que nos envolvamos mais na realidade de nossas vidas.

Crie a sua própria hierarquia

Agora está na hora de criar a sua própria hierarquia de exposições. Se preferir, você pode fazê-lo em uma planilha para que seja fácil selecionar os itens por grau de dificuldade. Se quiser usar papel e caneta, preencha o formulário a seguir.

Reveja as anotações que você fez ao longo de todo este capítulo para desenvolver os itens que farão parte da sua hierarquia. Tenha em mente que você não precisa cumprir todas as atividades agora. À medida que for progredindo, as mais difíceis começarão a tornar-se mais factíveis.

Para a escala de ansiedade, utilize as seguintes diretrizes. Observe que os números absolutos não são tão importantes e servem apenas para você classificar o grau de dificuldade das atividades.

0 = sem aflição

5 = difícil, mas administrável

10 = a maior aflição que já senti

O formulário da hierarquia contém lembretes sobre os pontos-chave para o sucesso da sua exposição. Há espaços adicionais no final da folha para que você possa acrescentar quaisquer outros lembretes que desejar. Por exemplo, você poderá incluir um lembrete do que é mais importante do que o seu medo.

Hierarquia de exposições

Atividade	Nível de aflição (0-10)

Lembretes:
- A ansiedade diminui quando a enfrentamos.
- Siga a sua hierarquia de forma progressiva e sistemática.
- Resista ao desconforto.
- Elimine suportes desnecessários e comportamentos de segurança.
- Aceite o desconforto e a incerteza.
- _____
- _____
- _____

Planejamento dos itens a serem cumpridos

Reveja a sua hierarquia de exposições. Qual seria um bom ponto de partida para você? Planeje-se para começar com atividades difíceis, mas administráveis. Você deve se preparar para ser bem-sucedido, portanto, escolha atividades que você tenha certeza de que pode realizar. Ao mesmo tempo, se houver itens classificados como de nível 1 ou 2, é possível que você queira escolher algo um pouco mais desafiador para aproveitar o seu tempo da melhor maneira possível. Se preferir organizar as atividades em ordem crescente de dificuldade, reorganize--as em um formulário de hierarquia em branco.

Escolha duas ou três das atividades que você acha que pode realizar nesta semana e anote-as nos espaços a seguir.

Atividade 1:

_____

Atividade 2:

_____

Atividade 3:

_____

Como acontece com qualquer atividade que você pretenda realizar, escolha um horário para executar cada uma e acrescente-o à sua agenda.

Caso você tenha planejado realizar atividades de que tenha medo, este é um grande dia: você está prestes a conquistar os seus temores.

Você agora já cumpriu seis módulos deste tratamento autodirigido. Parabéns por todo o seu trabalho. Na próxima semana, vamos rever o que você fez ao juntarmos todas as partes. Você terá oportunidade de fazer um levantamento do que já realizou, do seu progresso e do trabalho que você ainda precisa cumprir.

Por enquanto, tire alguns instantes para avaliar como você está se sentindo na sexta semana deste programa. O que lhe chama a atenção neste capítulo sobre como enfrentar os seus temores? Anote os seus pensamentos e sentimentos no espaço a seguir.

_____

_____

_____

_____

_____

_____

_____

_____

_____

_____

Plano de atividades

1. Continue cumprindo as atividades programadas da sua lista "Retorno à vida".
2. Monitore as suas atividades por três dias utilizando o formulário "Atividades diárias".
3. Esteja ciente do seu pensamento, especialmente quando enfrentar uma onda de emoções negativas, e preencha o seu formulário "Desafie os seus pensamentos" conforme necessário.
4. Continue realizando as tarefas da quinta semana.
5. Preencha os primeiros itens da sua hierarquia de exposições nos horários programados.
6. Agende um tempo para cumprir a sétima semana.

SEMANA

7

Vamos juntar tudo

A esta altura, já abordamos todos os tópicos contidos neste livro. Dedicaremos a maior parte deste capítulo à tarefa de integrar todas as partes. Além disso, discutiremos um plano para você prosseguir depois que concluir este programa de sete semanas.

Na semana passada, vimos algumas formas de domar os seus temores, trabalhando progressivamente um plano para enfrentá-los. Antes de falarmos sobre como integrar do melhor modo todas as peças, vamos revisar como as coisas ocorreram quando você começou esse processo.

Caso você tenha trabalhado no sentido de enfrentar os seus temores na semana passada, tire alguns instantes para avaliar como foram as coisas. O que deu certo com as suas exposições? Onde você teve dificuldade?

Caso você tenha tido dificuldade para realizar as suas exposições planejadas, anime-se – muitas pessoas enfrentam obstáculos no início, e a grande maioria depois acaba se saindo muito bem. Reveja os princípios daquilo que torna as suas exposições eficazes e escolha um ponto de partida mais acessível. Você poderá também recordar o que o levou a enfrentar o seu medo – o que, por outro lado, faz a dificuldade valer a pena?

_____

_____

_____

_____

_____

_____

Parte do plano de atividades da semana passada consistiu no monitoramento das suas atividades por três dias. Dê uma olhada nos seus formulários "Atividades diárias" para esta semana. Como você os compararia aos formulários "Atividades diárias" que preencheu entre a primeira e a segunda semanas? Há alguma diferença no nível geral das atividades? Examine também as colunas "Prazer" e "Importância": Você observa alguma mudança? Anote as suas observações nos espaços a seguir.

_____

_____

_____

_____

_____

_____

_____

Continue realizando as atividades da sua lista, revendo a segunda semana conforme necessário.

Você tem prestado atenção ao que a sua mente tem dito a você nas últimas quatro semanas. O que considera útil nessa abordagem?

_____

_____

_____

_____

_____

No decorrer da semana passada, você observou pensamentos que lhe pareça especialmente importante examinar com atenção? Em caso afirmativo, descreva no espaço a seguir os pensamentos e o seu processo de questionamento sobre esses pensamentos.

_____

_____

_____

_____

_____

Você tem encontrado constantes desafios para reconhecer e lidar com os seus padrões de pensamentos problemáticos? Em caso afirmativo, descreva-os no espaço a seguir.

_____

_____

_____

_____

Continue revendo a terceira e a quarta semanas conforme necessário, a fim de resolver as questões que surgirem e de reforçar a matéria.

Como você se saiu na realização das tarefas programadas para a semana passada?

Caso você tenha continuado a enfrentar dificuldade para fazer as coisas, o que o atrapalhou?

Você pode rever o material da quinta semana conforme necessário, a fim de resolver os constantes desafios nessa área. Lembre-se de seguir rigorosamente o plano, em especial se encontrar dificuldade para realizar as suas tarefas.

Reflexão

– Quando cheguei aqui pela primeira vez, eu pensava que estivesse enlouquecendo. Tudo parecia estar desmoronando, e eu me sentia naufragando.

John havia concluído a parte aguda de seu tratamento e nós havíamos decidido de comum acordo reduzir os nossos encontros para uma vez a cada três semanas. A título de preparação, revimos como havia sido o tratamento para ele até então.

Quando John me ligou para discutir as opções de tratamento, reconheci o seu nome, mas não sabia de onde. E então me dei conta de que o havia visto na frota de caminhões da empresa de serviços hidráulicos que ostentam o seu nome e circulam pelos subúrbios. A ansiedade de John havia aumentado junto com a sua empresa, quando ele passou a perceber que era responsável não apenas por sua família, mas também pelas famílias de seus funcionários.

Todos os dias, ele ouvia temerosamente o seu correio de voz do trabalho, temendo a possibilidade de um chamado sobre uma grande catástrofe pela qual a sua empresa fosse responsável. Ele estava passando cada vez mais tempo no trabalho, sobretudo preocupado e sem estar efetivamente produzindo. Ele se sentia péssimo por passar tanto tempo fora de casa e não estar tão presente como pai e marido quanto desejava. Quando estava em casa, ele raramente estava mentalmente presente, por estar sempre preocupado e ruminando sobre o trabalho. John deixara de desfrutar a companhia do grupo próximo de amigos que ele conhecia desde o ensino fundamental e abandonara o hábito do exercício e da leitura como lazer. Durante a nossa primeira sessão, ele me disse: – Eu passo a maior parte do meu tempo trabalhando, preocupado com o trabalho e me sentindo culpado por trabalhar.

Com base na sua condição de vida na época, John tinha como objetivos:

- *Encontrar o equilíbrio entre a vida profissional e a vida pessoal.*
- *Preocupar-me menos com o que não tenho como controlar.*
- *Ser mais produtivo no trabalho.*
- *Arranjar tempo para as coisas que me proporcionam alegria.*

No início deste programa de sete semanas, você fez um levantamento de como as coisas estavam transcorrendo em diferentes áreas de sua vida. Com base nesse levantamento, você estabeleceu objetivos específicos a serem alcançados. Reflita sobre a sua lista de objetivos. Para cada objetivo, pense no progresso que você fez e anote as suas impressões no espaço a seguir.

Mais adiante neste capítulo, vamos discutir algumas maneiras de continuar caminhando para a realização de seus objetivos.

John e eu utilizamos uma estrutura de TCC para entender a situação dele. No início do tratamento, os pensamentos, emoções e comportamentos de John estavam trabalhando contra ele em um ciclo autoperpetuante:

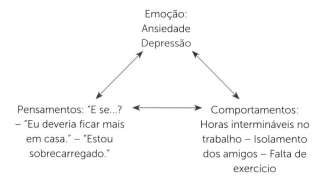

A ansiedade e a depressão de John levaram aos seus comportamentos (isolamento, falta de exercício etc.), os quais, por sua vez, agravaram os seus sintomas. Da mesma forma, os seus pensamentos e sintomas reforçaram-se mutuamente, assim como os seus pensamentos e comportamentos.

Começamos com a ativação comportamental: procurando atividades para resolver a falta de recompensa que a vida estava lhe proporcionando, o isolamento social e o agravamento da depressão.

Passamos então várias sessões examinando os pensamentos de John – além de inúteis, seus pensamentos geralmente não tinham fundamento. Por exemplo, ele se comparava desfavoravelmente ao pai, um eletricista autônomo bem-sucedido que nunca parecia tão estressado quanto John. John passou a perceber que o seu pai tinha muito menos compromissos financeiros e trabalhara em uma época em que o custo de vida era muito mais baixo. John percebia também que o seu pai provavelmente era mais estressado do que John percebia quando criança, assim como os filhos de John provavelmente não tinham consciência do nível de estresse do pai.

As sessões posteriores concentraram-se na gestão do tempo e de tarefas, trabalhando no sentido de ajudar John a investir produtivamente o seu tempo para que ele pudesse passar o maior tempo possível fazendo o que prezava, em especial desfrutando do convívio de sua família e de seus amigos. Por fim, John passou a praticar a atitude de enfrentar os seus temores, especialmente aqueles relacionados à possibilidade de que algo muito errado acontecesse no trabalho e à hipótese de que a sua família pudesse enfrentar dificuldades financeiras.

– Eu acho que o principal fator consistia em retomar as coisas que eu gosto de fazer – John disse. – É como se eu tivesse conseguido mudar o meu pensamento e me tornado mais eficiente no trabalho, mas, se eu não estou aproveitando a vida, de que adianta?

John achava que o ajuste de seu modo de pensar havia eliminado um obstáculo para as atividades que ele apreciava. – Eu costumava dizer comigo mesmo: "Você vai se arrepender se não estiver disponível quando algo de errado acontecer no trabalho". Mas eu percebia que não poderia passar a vida toda esperando que o encanamento de alguém estourasse. O único verdadeiro arrependimento seria se eu não aproveitasse o meu tempo na Terra.

Enquanto reflete sobre a época em que você iniciou este programa e o trabalho que você realizou desde então, vamos retornar ao modelo de TCC e ver como as peças se encaixam.

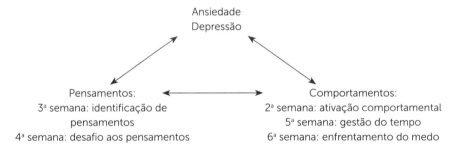

Pense na sua experiência com cada parte do programa. Então, considere onde você encontrou o maior benefício. Que partes você acha que transcorreram bem? Anote as suas reflexões no espaço a seguir.

_____
_____
_____
_____
_____
_____
_____
_____

Perguntei a John o que mudou nas últimas semanas. Ele me contou uma história. – Na semana passada, eu estava em meu escritório em casa e a minha filha de 4 anos entrou. Ela estava procurando uma fita ou algo assim e não percebeu que eu estava lá dentro. Quando ela me viu, percebi certo temor em seus olhos e ela começou a recuar no intuito de sair do escritório. Na verdade, ela estava tão acostumada a me ver tenso e irritado quando eu estava trabalhando que devo tê-la surpreendido ao sorrir.

– Quando eu sorri, ela correu para mim e me deu um abraço. Eu a peguei no colo e nós conversamos por alguns minutos, e a minha sensação foi a de que eu realmente a estava vendo e ouvindo pela primeira vez depois de muito tempo, sem qualquer sombra de temor e preocupação ofuscando tudo. Em seguida, ela pulou do meu colo, disse "Tchau, papai" e voltou a brincar.

A voz de John tremulou e seus olhos encheram-se de lágrimas. – Não pude deixar de chorar depois. E fiquei pensando: "O que é mais importante do que poder demonstrar amor aos meus filhos?" Eu senti uma leveza muito grande onde antes sentia um peso. Agora eu já não levo tudo tão a sério e, na realidade, acho que estou melhor no que faço.

Reflita sobre as últimas seis semanas. Algum evento em particular lhe dá a sensação de que você está caminhando na direção certa? Poderia ser algo que aconteceu no trabalho ou com seus familiares ou amigos. Poderia ser um grande acontecimento ou algo sutil. Escreva sobre esse evento no espaço a seguir. O que você sente ao pensar sobre ele?

À medida que continuávamos a discutir o que havia dado certo para John, ressaltei que as melhorias que ele estava observando não haviam simplesmente acontecido – eram melhorias decorrentes das mudanças que ele fizera em seus pensamentos e ações. Com essa ideia em mente, perguntei a John o que ele havia feito especificamente para se sentir melhor. Juntos, chegamos à seguinte lista:

- *Passar mais tempo com os amigos.*
- *Confiar em meus funcionários e afrouxar as rédeas no trabalho (difícil).*

SEMANA 7 | Vamos juntar tudo **177**

- *Praticar exercícios regulares.*
- *Concentrar as atenções em minha família quando estou com ela.*
- *Cuidar dos meus pensamentos.*

Diferentes pessoas consideram mais úteis partes diferentes de um programa de TCC, dependendo das dificuldades que elas estão enfrentando e do que necessitam. Ao refletir sobre as mudanças positivas que você fez, o que, especificamente, você considera ter sido mais útil?

_____

_____

_____

_____

_____

_____

John também observava áreas em que ele continuava tendo dificuldade. Era difícil não reincidir nas preocupações quando surgia uma situação no trabalho. Ele achava fácil, além disso, faltar aos exercícios físicos. Embora John não fosse exatamente o que desejava ser em todos os aspectos, ele se sentia confiante em poder utilizar suas novas ferramentas para continuar caminhando em direção aos seus objetivos.

Por maior que seja a nossa dedicação em um programa de TCC, nunca chegamos a alcançar perfeitamente os nossos objetivos ou temos a sensação de "missão cumprida". Em que áreas você deseja continuar fazendo mudanças?

_____

_____

_____

_____

_____

Quais das ferramentas das últimas seis semanas poderiam ser úteis nessas áreas?

_____
_____
_____
_____
_____
_____

De olho no futuro

– Mesmo depois de todo o trabalho que eu fiz nos últimos meses, ainda tenho ondas de ansiedade e preocupação – John diz. – Mas esses episódios são mais administráveis. É quase como se eu me sentisse menos ansioso por saber que tenho uma maneira de gerenciar a minha ansiedade.

Com base no que ele considerou útil, John e eu elaboramos um plano para que ele continuasse progredindo. John identificou cinco fatores principais que o levaram a se sentir melhor e os organizou em um plano de bem-estar. Ele optou por organizar cinco fatores em um pentágono, de modo que o seu plano ficou da seguinte maneira:

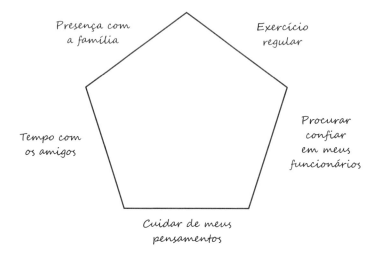

Sob cada uma de suas intenções, John fez uma lista de lembretes para ele. Por exemplo, sob "Presença com a família", ele incluiu:

- *Nada de estar constantemente olhando para o celular.*
- *Concentrar-me na pessoa com a qual estou falando.*
- *Redirecionar os pensamentos quando eles descambam desnecessariamente para o trabalho.*
- *Cuidar para que não haja intromissão das questões de trabalho.*

John mantinha uma cópia de seu plano consigo para fins de consulta, especialmente quando ele se via diante de alguma dificuldade.

Resuma o que funciona para você

Todos nós precisamos de lembretes para as coisas que pretendemos fazer. Reflita novamente sobre as mudanças mais úteis que você promoveu. O que você precisará ter em mente para continuar se sentindo bem e para enfrentar quaisquer desafios que possam surgir no futuro? Utilize o espaço a seguir para resumir o seu próprio plano (se precisar de mais espaço, utilize a seção "Anotações" no final do livro). Seja criativo no modo de organizar as suas ideias. O importante é que haja afinidade com você.

_____

_____

_____

_____

_____

_____

Geralmente me chama a atenção como é fácil deixar escapar as atividades que nos fazem sentir bem. Por exemplo, se eu não tiver cuidado, posso facilmente deixar o exercício de lado. As mudanças em nossas vidas também podem afetar o nosso bem-estar de maneira que, no início, talvez nem reconheçamos, como quando os amigos se afastam e nós perdemos uma importante fonte de apoio.

Quando vemos o nosso nível de humor caindo ou a ansiedade aumentando, podemos consultar o plano que traçamos para nós. Revendo os diversos fatores, podemos identificar aqueles em que precisamos nos concentrar para voltar a nos sentir da melhor forma possível. Planeje-se para rever o seu resumo pelo menos uma vez por semana e sempre que você precisar de lembretes sobre o que o ajuda a se sentir bem.

Como enfrentar desafios futuros

À medida que nos aproximávamos do final de nossa sessão, fiz uma pergunta importante a John: o que poderia acontecer que pudesse levar a um grande revés, se ele não tivesse cuidado? John respondeu imediatamente: – Se um de meus melhores funcionários resolver deixar a empresa. Na última vez que isso aconteceu, fiquei desnorteado por algumas semanas. Tive de assumir o trabalho dele até encontrar alguém para substituí-lo, o que gerou estresse em casa. E todo o processo de tentar arranjar alguém em quem eu confie realmente mexe comigo. Só de pensar nisso agora eu já fico ansioso. E se eu não conseguir arranjar alguém, ou escolher alguém que não seja bom? São tantas incógnitas.

Perguntei a John que ferramentas ele possui hoje que talvez ele não tivesse antes. – Bem, eu sei que agora consigo lidar com a minha ansiedade, o que é um total divisor de águas. E eu posso fazer um alerta a mim mesmo para aceitar a incerteza e me concentrar naquilo que eu tenho como controlar. Porque, afinal, eu sei que vai dar tudo certo – ele respondeu. John se animou um pouco. – Eu realmente acho que isso seria um ótimo teste sobre o que eu aprendi.

Assim como John fez, pense em qualquer evento de vida que possa atrapalhar o seu progresso. Existem eventos possíveis – ou mesmo inevitáveis – para os quais você precisará se preparar? Que ferramentas o ajudarão a enfrentar esses desafios?

Atenção plena

Uma das ferramentas mais úteis para você se manter bem consiste em praticar a atitude de concentrar a atenção no presente e ser receptivo à sua experiência tal qual ela se apresenta. Aliás, essa abordagem permeia todo este livro – por exemplo, na prática de aprender a tolerar a incerteza e aceitar a nós mesmos, as dificuldades etc. Até mesmo o fato de eu reconhecer os meus pensamentos como meros *pensamentos* – não como verdade absoluta – faz parte dessa prática. O conceito de atenção plena descreve essa abordagem de vida não crítica orientada para o presente. Um artigo de 2011 da *Clinical Psychology Review* concluiu que o treinamento da atenção plena é uma poderosa proteção contra a recaída após a TCC para pessoas com depressão recorrente.

Por exemplo, um estudo de 2004 conduzido por Ma e Teasdale constatou uma redução de mais de 50% nas taxas de reincidência entre pessoas tratadas com TCC baseada na atenção plena, em comparação com aquelas submetidas a outros tipos de terapia. Embora uma discussão exaustiva sobre a atenção plena fuja ao escopo deste livro, você poderia avaliar se a atenção plena lhe seria útil. Inseri alguns recursos sobre atenção plena no final do livro (página 187) para que você possa começar.

Objetivos adicionais

Depois de várias semanas de tratamento, John percebeu que havia outras áreas da vida que ele gostaria de trabalhar e que não lhe haviam ocorrido antes. Por exemplo, ele sentia certo distanciamento de sua esposa e queria conversar com ela sobre isso em um futuro próximo. Ele percebeu também que vinha dormindo mal fazia tanto tempo que já nem notava mais. John resolveu discutir essas questões no tratamento e abordá-las com as ferramentas de TCC de que dispunha.

Muitas vezes, depois de aprender as técnicas de TCC, começamos a ver outras áreas da vida em que poderíamos aplicá-las. A eliminação do pior de nossa ansiedade e depressão pode dar espaço para trabalhar outras áreas. Por exemplo, podemos decidir abordar as questões relacionadas à nossa profissão, espiritualidade, relações, uso de substâncias químicas, sono ou qualquer outra coisa.

Ocorreram-lhe outros objetivos desde que você iniciou este programa? Em caso afirmativo, anote-os no espaço a seguir. Se não, simplesmente continue concentrado nos seus objetivos pré-tratamento.

Hora de dizer adeus

Parece estranho dizer adeus a alguém que eu nunca conheci (provavelmente), porém não quero terminar sem dizê-lo. Percorremos juntos as páginas deste livro: eu escrevendo, você fazendo. Ao nos despedirmos, quero agradecer a oportunidade de trabalhar com você. A minha esperança é a de que a sua depressão e/ou ansiedade tornem-se mais administráveis e você se sinta mais ligado aos seus pontos fortes, aos seus entes queridos e à sua experiência.

Devo lhe dizer que espere ainda encontrar algumas dificuldades. Nenhum livro ou volume de trabalho poderá eliminar toda a ansiedade, ou os altos e baixos de estarmos vivos. Dentro desse contexto, quase sempre me ocorre uma citação de um livro de Hermann Hesse chamado *Narcissus and Goldmund*, no qual um dos personagens diz que não há paz "que viva permanentemente dentro de nós e nunca nos deixe. Existe somente a paz que deve ser continuamente conquistada, a cada novo dia de nossas vidas".

Descobrindo o que funciona para você e aprendendo a ser, de certa forma, o seu próprio terapeuta, você pode encontrar essa paz sempre que precisar.

SEMANA 7 | Vamos juntar tudo **183**

Você chegou ao final deste programa de sete semanas de TCC. Sem dúvida, você trabalhou bastante para alcançar os seus objetivos. Espero que você esteja satisfeito com o trabalho realizado e o seu progresso. Mudar os nossos pensamentos e comportamentos é uma árdua tarefa.

Tire alguns instantes para avaliar como está se saindo. Qual a sua sensação ao refletir sobre as últimas semanas? Quais os seus pensamentos diante da expectativa das semanas e meses que estão por vir?

_____

_____

_____

_____

_____

_____

_____

_____

_____

_____

_____

_____

_____

_____

Plano de atividades

1. Continue seguindo a sua hierarquia de temores se estiver praticando a atitude de enfrentar os seus temores.
2. Continue praticando outras técnicas que você tenha considerado úteis.
3. Reveja os capítulos relevantes conforme necessário.
4. Para ferramentas adicionais, consulte a seção "Recursos", contida no final deste livro.

As próximas sete semanas

Como utilizar o que você aprendeu e o que fazer se ainda estiver encontrando dificuldade

Há muitos anos, eu estava fazendo fisioterapia em virtude de uma lesão decorrente da prática esportiva quando me chamaram a atenção os muitos paralelos existentes entre a fisioterapia e a TCC. Assim como a TCC, a fisioterapia consiste em um trabalho árduo em que é necessário enfrentar o desconforto para chegar a uma situação melhor. A fisioterapia também oferece um plano estruturado como a TCC para a recuperação da saúde e da capacidade funcional, e o trabalho entre as sessões é igualmente importante na terapia para o corpo e na terapia para a mente.

As duas terapias são semelhantes na medida em que as questões que ensejam o tratamento raramente se resolvem por completo no decorrer da terapia. Em vez disso, almejamos um *progresso* que nos indique que os exercícios que estamos fazendo estão funcionando. Se estivermos caminhando na direção certa, provavelmente é porque estamos praticando os exercícios certos. Depois que a fisioterapia termina, evitamos sofrer novas lesões dando continuidade a um grupo essencial de exercícios que nos ajudarão a manter a boa forma.

Agora que você concluiu este programa, as próximas sete semanas representam um momento crucial para continuar seguindo uma direção positiva. Caso tenha apresentado um progresso significativo durante o programa, você provavelmente poderá eliminar alguns dos exercícios mais específicos da TCC à medida que caminhamos para uma fase de manutenção. Por exemplo, é possível que você não precise ser tão rigoroso em relação à programação de suas atividades ou ao monitoramento de seus pensamentos.

Ao mesmo tempo, cuidado com as formas sutis de perder o terreno que você conquistou. Seja especialmente cauteloso no sentido de evitar a esquiva, que é altamente viciante. E, embora eu não deseje que ninguém tenha a impressão de que o progresso é frágil, é importante estar atento aos sinais de recaída para que você possa empregar as ferramentas de que dispõe quando necessário. Em caso de dúvida nas próximas sete semanas (e mesmo depois), procure aderir às práticas que lhe proporcionaram melhor condição. Lembre-se de consultar o seu plano pessoal que resume o que fazer para sentir-se bem.

Quando consultar um profissional

Se você achar que este programa não o ajudou – por não ter resolvido as suas dificuldades ou por você não ter conseguido se adaptar realmente ao programa –, talvez seja uma boa ideia buscar ajuda profissional. Embora muitas pessoas consigam se beneficiar do auxílio de um livro como este sem precisar da orientação de um terapeuta, outras necessitam de um nível mais elevado de assistência.

A seção "Recursos", contida no final deste livro, contém *sites* nos quais você poderá encontrar terapeutas especializados em TCC. Você pode também buscar uma referência junto ao seu clínico geral. É essencial que você sinta ter uma boa relação de trabalho com um terapeuta; portanto, procure um profissional com o qual você tenha um bom entrosamento.

Onde quer que você esteja ao final deste programa, eu o incentivo a continuar buscando a vida que almeja e lhe desejo sucesso na sua trajetória.

Recursos

Recursos *on-line* [em inglês]

Para um melhor aprendizado, auxílio profissional e aprofundamento nos diferentes tipos de tratamento e técnicas, experimente os seguintes recursos *on-line*.

Ansiedade e depressão

Anxiety and Depression Association of America (ADAA)
http://www.adaa.org/understanding-anxiety
O site da ADAA discute o que distingue a ansiedade e a depressão normais de um transtorno, fornece estatísticas sobre essas condições e traz informações sobre o transtorno obsessivo-compulsivo (TOC) e o transtorno do estresse pós-traumático (TEPT).

National Institute of Mental Health (NIMH)
Ansiedade: www.nimh.nih.gov/health/topics/anxiety-disorders/index.shtml
Depressão: www.nimh.nih.gov/health/topics/depression/index.shtml
Esses sites descrevem os sintomas comuns da depressão e da ansiedade, discutem os fatores de risco e os tipos de tratamento e mostram como encontrar ensaios clínicos aos quais você pode se candidatar, além de conter *links* de acesso gratuito a folhetos e panfletos.

Onde encontrar ajuda

Association for Behavioral and Cognitive Therapies (ABCT)
Onde encontrar um terapeuta especializado em TCC: www.findcbt.org
Este site permite a busca por terapeutas especializados em TCC catalogados pelo código de área, por especialidade e pelos planos/seguros de saúde conveniados.

Tratamentos psicológicos: www.abct.org/Information/?m=mInformation&fa=_
psychoTreatments
Este site, da principal associação profissional de terapeutas especializados em
TCC, abrange tópicos como prática baseada em evidências, opções de tratamento
e escolha do terapeuta.

Society of Clinical Psychology (SCP)
Tratamentos com respaldo de pesquisas: http://www.div12.org/psychological-
-treatments/
A Divisão 12 da American Psychological Association, a Society of Clinical
Psychology (SCP), mantém uma lista de tratamentos psicológicos respaldados
por pesquisas. O site permite a busca por tratamento e condição psicológica.

Grupos de apoio

Anxiety and Depression Association of America (ADAA)
http://www.adaa.org/supportgroups
A ADAA fornece informações sobre grupos de apoio catalogados por estado
(bem como algumas listagens internacionais), incluindo informações de contato
com os grupos de apoio.

National Alliance on Mental Illness (NAMI)
www.nami.org/Find-Support
O site da NAMI oferece formas de buscar apoio caso você ou um ente querido
sofra de algum transtorno psicológico. Disponibiliza vários recursos adicionais,
inclusive *links* de acesso a seções locais da NAMI.

Atenção plena

Mindfulnet.org
www.mindfulnet.org/index.htm
Este site é um repositório de informações sobre a atenção plena: o que é, como é
utilizada, pesquisas que a respaldam e muito mais.

Livros

Muitos dos seguintes livros encontram-se na lista Books of Merit, da Association
for Behavioral and Cognitive Therapy, o que significa que essas obras descrevem

tratamentos baseados em sólidas evidências de pesquisa. A lista completa está disponível no site www.abct.org/SHBooks.

Depressão e ansiedade

Davis, Martha, Elizabeth Robbins Eshelman, and Matthew McKay. *The Relaxation and Stress Reduction Workbook*, 6. ed.
Ellis, Albert, and Robert A. Harper. *A New Guide to Rational Living*.
Otto, Michael, and Jasper Smits. *Exercise for Mood and Anxiety: Proven Strategies for Overcoming Depression and Enhancing Well-Being*.

Depressão

Addis, Michael E., and Christopher R. Martell. *Overcoming Depression One Step at a Time: The New Behavioral Activation Approach to Getting Your Life Back*.
Burns, David D. *The Feeling Good Handbook*, Revised edition.
Greenberger, Dennis, and Christine A. Padesky. *Mind Over Mood: Change How You Feel by Changing the Way You Think*, 2. ed.
Joiner, Thomas Jr., and Jeremy Pettit. *The Interpersonal Solution to Depression: A Workbook for Changing How You Feel by Changing How You Relate*.

Ansiedade

Antony, Martin M., and Peter J. Norton. *The Anti-Anxiety Workbook*.
Antony, Martin M., and Richard P. Swinson. *The Shyness and Social Anxiety Workbook: Proven Techniques for Overcoming Your Fears*.
Carbonell, David. *Panic Attacks Workbook: A Guided Program for Beating the Panic Trick*.
Clark, David A., and Aaron T. Beck. *The Anxiety and Worry Workbook: The Cognitive Behavioral Solution*.
Cooper, Hattie C. *Thriving with Social Anxiety: Daily Strategies for Overcoming Anxiety and Building Self-Confidence*.
Hope, Debra A., Richard G. Heimberg, and Cynthia L. Turk. *Managing Social Anxiety: A Cognitive-Behavioral Therapy Approach: Workbook*, 2. ed.
Leahy, Robert L. *The Worry Cure: Seven Steps to Stop Worry from Stopping You*.
Reinecke, Mark. *Little Ways to Keep Calm and Carry On: Twenty Lessons for Managing Worry, Anxiety, and Fear*.
Robichaud, Melisa, and Michel J. Dugas. *The Generalized Anxiety Disorder Workbook: A Comprehensive CBT Guide for Coping with Uncertainty, Worry, and Fear*.

Tolin, David. *Face Your Fears: A Proven Plan to Beat Anxiety, Panic, Phobias, and Obsessions.*
Tompkins, Michael A. *Anxiety and Avoidance: A Universal Treatment for Anxiety, Panic, and Fear.*
White, Elke Zuercher. *An End to Panic: Breakthrough Techniques for Overcoming Panic Disorder.*

Atenção plena

Germer, Christopher K. *The Mindful Path to Self-Compassion: Freeing Yourself from Destructive Thoughts and Emotions.*
Kabat-Zinn, Jon. *Full Catastrophe Living: Using the Wisdom of Your Body and Mind to Face Stress, Pain, and Illness,* rev. ed.
Orsillo, Susan M., and Lizabeth Roemer. *The Mindful Way through Anxiety: Break Free from Chronic Worry and Reclaim Your Life.*
Teasdale, John D., and Zindel V. Segal. *The Mindful Way Through Depression: Freeing Yourself from Chronic Unhappiness.*

Referências bibliográficas

Abramson, Lyn Y., Gerald I. Metalsky, and Lauren B. Alloy. "Hopelessness Depression: A Theory-Based Subtype of Depression." *Psychological Review* 96, no. 2 (abril, 1989): 358-372. doi:10.1037/0033-295X.96.2.358.

American Psychiatric Association. *Diagnostic and Statistical Manual of Mental Disorders, 5. ed. (DSM-5).* Arlington, VA: American Psychiatric Publishing, 2013.

Antony, Martin M. "Behavior Therapy." In *Current Psychotherapies*, 10th ed., edited by Danny Wedding and Raymond J. Corsini, 193-230. Salt Lake City, UT: Brooks/Cole Publishing, 2013.

Asmundson, Gordon J. G., Mathew G. Fetzner, Lindsey B. DeBoer, Mark B. Powers, Michael W. Otto, and Jasper AJ Smits. "Let's Get Physical: A Contemporary Review of the Anxiolytic Effects of Exercise for Anxiety and Its Disorders." *Depression and Anxiety* 30, no. 4 (abril, 2013): 362-373. doi:10.1002/da.22043.

Association for Behavioral and Cognitive Therapies. "ABCT Fact Sheets: Guidelines for Choosing a Therapist." Acesso em: 20 de junho, 2016. http://www.abct.org/Information/?m=mInformation&fa=fs_guidelines_choosing.

Association for Behavioral and Cognitive Therapies. "How It All Began." Acesso em: 20 de junho, 2016. http://www.abct.org/About/?m=mAbout&fa=History.

Barth, Jürgen, Martina Schumacher, and Christoph Herrmann-Lingen. "Depression as a Risk Factor for Mortality in Patients with Coronary Heart Disease: A Meta-Analysis." *Psychosomatic Medicine* 66, no. 6 (novembro-dezembro, 2004): 802-813. doi:10.1097/ 01.psy.0000146332.53619.b2.

Be, Daniel, Mark A. Whisman, and Lisa A. Uebelacker. "Prospective Associations Between Marital Adjustment and Life Satisfaction." *Personal Relationships* 20, no. 4 (dezembro, 2013): 728-739. doi:10.1111/pere.12011.

Beck, Aaron T. "Thinking and Depression: I. Idiosyncratic Content and Cognitive Distortions." *Archives of General Psychiatry* 9, no. 4 (outubro, 1963): 324-333. doi:10.1001/ archpsyc.1963.01720160014002.

Beck, Aaron T. "Cognitive Therapy: Nature and Relation to Behavior Therapy." *Behavior Therapy* 1, no. 2 (maio, 1970): 184-200. doi:10.1016/S0005-7894(70)80030-2.

Beck, Aaron T., A. John Rush, Brian F. Shaw, and Gary Emery. *Cognitive Therapy of Depression.* New York: Guilford Press, 1979.

Beck, Aaron T. *Cognitive Therapy and the Emotional Disorders.* New York: Penguin Books, 1979.

Beck, Aaron T. "The Evolution of the Cognitive Model of Depression and Its Neurobiological Correlates." *American Journal of Psychiatry* 165, no. 8 (agosto, 2008): 969-977. doi:10.1176/appi. ajp.2008.08050721.

Beck, Aaron T., and David JA Dozois. "Cognitive Therapy: Current Status and Future Directions." *Annual Review of Medicine* 62 (2011): 397-409. doi:10.1146/ annurev-med-052209-100032.

Beck, Judith S. *Cognitive Behavior Therapy: Basics and Beyond*, 2. ed. New York: Guilford Press, 2011.

Borkovec, Thomas D., Oscar M. Alcaine, and Evelyn Behar. "Avoidance Theory of Worry and Generalized Anxiety Disorder." In *Generalized Anxiety Disorder: Advances in Research and Practice*, edited by Richard G. Heimberg, Cynthia L. Turk, and Douglas S. Mennin, 77-108. New York: Guilford Press, 2004.

Butler, Andrew C., Jason E. Chapman, Evan M. Forman, and Aaron T. Beck. "The Empirical Status of Cognitive-Behavioral Therapy: A Review of Meta-Analyses." *Clinical Psychology Review* 26, no. 1 (janeiro, 2006): 17-31. doi:10.1016/j.cpr.2005.07.003.

Chu, Brian C., Daniela Colognori, Adam S. Weissman, and Katie Bannon. "An Initial Description and Pilot of Group Behavioral Activation Therapy for Anxious and Depressed Youth." *Cognitive and Behavioral Practice* 16, no. 4 (novembro, 2009): 408-419. doi:10.1016/j.cbpra.2009.04.003.

Cole-King, A, and K. G. Harding. "Psychological Factors and Delayed Healing in Chronic Wounds." *Psychosomatic Medicine* 63, no. 2 (março-abril, 2001): 216-220. doi:10.1.1.570.3740.

Cooney, Gary M., Kerry Dwan, Carolyn A. Greig, Debbie A. Lawlor, Jane Rimer, Fiona R. Waugh, Marion McMurdo, and Gillian E. Mead. "Exercise for Depression." *Cochrane Database of Systematic Reviews*, Issue 9 (2013). Art. No.: CD004366. doi:10.1002/14651858.CD004366.pub6.

Cooper, Andrew A., Alexander C. Kline, Belinda P. M. Graham, Michele Bedard-Gilligan, Patricia G. Mello, Norah C. Feeny, and Lori A. Zoellner. "Homework 'Dose,' Type, and Helpfulness as Predictors of Clinical Outcomes in Prolonged Exposure for PTSD." *Behavior Therapy* (2016). doi:10.1016/j.beth.2016.02.013.

Craske, Michelle G., and David H. Barlow. *Mastery of Your Anxiety and Panic: Workbook*, 4. ed. New York: Oxford University Press, 2006.

Craske, Michelle G., Katharina Kircanski, Moriel Zelikowsky, Jayson Mystkowski, Najwa Chowdhury, and Aaron Baker. "Optimizing Inhibitory Learning During Exposure Therapy." *Behaviour Research and Therapy* 46, no. 1 (janeiro, 2008): 5-27. doi:10.1016/j. brat.2007.10.003.

Cuijpers, Pieter. "Bibliotherapy in Unipolar Depression: A Meta-Analysis." *Journal of Behavior Therapy and Experimental Psychiatry* 28, no. 2 (junho, 1997): 139-147. doi:10.1016/S0005-7916(97)00005-0.

Cuijpers, Pim, Tara Donker, Annemieke van Straten, J. Li, and Gerhard Andersson. "Is Guided Self-Help as Effective as Face-to-Face Psychotherapy for Depression and Anxiety Disorders? A Systematic Review and Meta-Analysis of Comparative Outcome Studies." *Psychological Medicine* 40, no. 12 (dezembro, 2010): 1943-1957. doi:10.1017/ S0033291710000772.

Dimidjian, Sona, Steven D. Hollon, Keith S. Dobson, Karen B. Schmaling, Robert J. Kohlenberg, Michael E. Addis, Robert Gallop et al. "Randomized Trial of Behavioral Activation, Cognitive Therapy, and Antidepressant Medication in the Acute Treatment of Adults With Major Depression." *Journal of Consulting and Clinical Psychology* 74, no. 4 (agosto, 2006): 658-670. doi:10.1037/0022--006X.74.4.658.

Division 12 of the American Psychological Association. "Research-Supported Psychological Treatments." Acesso em: 20 de junho, 2016. https://www.div12.org/psychological-treatments.

Doering, Lynn V., Debra K. Moser, Walter Lemankiewicz, Cristina Luper, and Steven Khan. "Depression, Healing and Recovery From Coronary Artery Bypass Surgery." *American Journal of Critical Care* 14, no. 4 (julho, 2005): 316-324. doi:10.1.1.607.8304.

Dugas, Michel J., Pascale Brillon, Pierre Savard, Julie Turcotte, Adrienne Gaudet, Robert Ladouceur, Renée Leblanc, and Nicole J. Gervais. "A Randomized Clinical Trial of Cognitive--Behavioral Therapy and Applied Relaxation for Adults with Generalized Anxiety Disorder." *Behavior Therapy* 41, no. 1 (março, 2010): 46-58. doi:10.1016/ j.beth.2008.12.004.

The Economist. "Air Safety: A Crash Course in Probability." Acesso em: 21 de junho, 2016. http://www.economist.com/blogs/gulliver/2015/01/air-safety.

Egan, Gerard. *The Skilled Helper*, 6. ed. Pacific Grove, CA: Brooks/Cole, 1998.

Ellis, Albert. *Reason and Emotion in Psychotherapy*. Secaucus, NJ: Citadel Press, 1962. Ellis, Albert. *Overcoming Destructive Beliefs, Feelings, and Behaviors: New Directions for Rational Emotive Behavior Therapy*. Amherst, NY: Prometheus Books, 2001.

Ellis, Albert, and Catherine MacLaren. *Rational Emotive Behavior Therapy: A Therapist's Guide*, 2. ed. Atascadero, CA: Impact Publishers, 2005.

Epictetus. *Enchiridion*. Mineola, NY: Dover Publications, 2004.

Epperson, C. Neill, Meir Steiner, S. Ann Hartlage, Elias Eriksson, Peter J. Schmidt, Ian Jones, and Kimberly A. Yonkers. "Premenstrual Dysphoric Disorder: Evidence for a New Category for *DSM-5*." *American Journal of Psychiatry* (maio, 2012): 465-475. doi:10.1176/appi.ajp.2012.11081302.

Eysenck, Hans Jurgen. *Behaviour Therapy and the Neuroses*. Oxford: Pergamon, 1960.

Fernie, Bruce A., Marcantonio M. Spada, Ana V. Nikčević, George A. Georgiou, and Giovanni B. Moneta. "Metacognitive Beliefs About Procrastination: Development and Concurrent Validity of a Self-Report Questionnaire." *Journal of Cognitive Psychotherapy* 23, no. 4 (2009): 283-293. doi:10.1891/0889-8391.23.4.283.

Foa, Edna B., and Michael J. Kozak. "Emotional Processing of Fear: Exposure to Corrective Information." *Psychological Bulletin* 99, no. 1 (janeiro, 1986): 20-35. doi:10.1037/0033-2909.99.1.20.

Francis, Kylie, and Michel J. Dugas. "Assessing Positive Beliefs About Worry: Validation of a Structured Interview." *Personality and Individual Differences* 37, no. 2 (julho, 2004): 405-415. doi:10.1016/j.paid.2003.09.012.

Freud, Sigmund. *An Outline of Psycho-Analysis*. New York: W. W. Norton and Company, 1949.

Gawrysiak, Michael, Christopher Nicholas, and Derek R. Hopko. "Behavioral Activation for Moderately Depressed University Students: Randomized Controlled Trial." *Journal of Counseling Psychology* 56, no. 3 (julho, 2009): 468-475. doi:10.1037/a0016383.

Gellatly, Judith, Peter Bower, Sue Hennessy, David Richards, Simon Gilbody, and Karina Lovell. "What Makes Self-Help Interventions Effective in the Management of Depressive Symptoms? Meta-Analysis and Meta-Regression." *Psychological Medicine* 37, no. 9 (setembro, 2007): 1217-1228. doi:10.1017/S0033291707000062.

Gillihan, Seth J., E. A. Hembree, and E. B. Foa. "Behavior Therapy: Exposure Therapy for Anxiety Disorders." In *The Art and Science of Brief Psychotherapies: An Illustrated Guide*, edited by Mantosh J. Dewan, Brett N. Steenbarger, and Roger P. Greenberg, 83-120. Arlington, VA: American Psychiatric Publishing, 2012.

Gillihan, Seth J., and Edna B. Foa. "Exposure-Based Interventions for Adult Anxiety Disorders, Obsessive-Compulsive Disorder, and Posttraumatic Stress Disorder." In *The Oxford Handbook of Cognitive and Behavioral Therapies*, edited by Christine Maguth Nezu and Arthur M. Nezu, 96-117. New York: Oxford University Press, 2015.

Gillihan, Seth J., Monnica T. Williams, Emily Malcoun, Elna Yadin, and Edna B. Foa. "Common Pitfalls in Exposure and Response Prevention (EX/RP) for OCD." *Journal of Obsessive-Compulsive and Related Disorders* 1, no. 4 (outubro, 2012): 251-257. doi:10.1016/j.jocrd.2012.05.002.

Goldfried, Marvin R., and Gerald C. Davison. *Clinical Behavior Therapy*. New York: John Wiley and Sons, 1994.

Haaga, David A., Murray J. Dyck, and Donald Ernst. "Empirical Status of Cognitive Theory of Depression." *Psychological Bulletin* 110, no. 2 (setembro, 1991): 215-236. doi:10.1037/0033-2909.110.2.215.

Hallion, Lauren S., and Ayelet Meron Ruscio. "A Meta-Analysis of the Effect of Cognitive Bias Modification on Anxiety and Depression." *Psychological Bulletin* 137, no. 6 (novembro, 2011): 940-958. doi:10.1037/a0024355.

Hellström, Kerstin, and Lars-Göran Öst. "One-Session Therapist Directed Exposure vs Two Forms of Manual Directed Self-Exposure in the Treatment of Spider Phobia." *Behaviour Research and Therapy* 33, no. 8 (novembro, 1995): 959-965. doi:10.1016/0005-7967(95)00028-V.

Hesse, Hermann. *Narcissus and Goldmund*. Translated by Ursule Molinaro. New York: Farrar, Straus and Giroux, 1968.

Hirai, Michiyo, and George A. Clum. "A Meta-Analytic Study of Self-Help Interventions for Anxiety Problems." *Behavior Therapy* 37, no. 2 (junho, 2006): 99-111. doi:10.1016/j. beth.2005.05.002.

Hofmann, Stefan G., Anu Asnaani, Imke JJ Vonk, Alice T. Sawyer, and Angela Fang. "The Efficacy of Cognitive Behavioral Therapy: A Review of Meta-Analyses." *Cognitive Therapy and Research* 36, no. 5 (outubro, 2012): 427-440. doi:10.1007/s10608-012-9476-1.

Hollon, Steven D., Robert J. DeRubeis, Richard C. Shelton, Jay D. Amsterdam, Ronald M. Salomon, John P. O'Reardon, Margaret L. Lovett et al. "Prevention of Relapse Following Cognitive Therapy vs Medications in Moderate to Severe Depression." *Archives of General Psychiatry* 62, no. 4 (abril, 2005): 417-422. doi:10.1001/archpsyc.62.4.417.

Homer. *The Odyssey, Book XII*, translated by Samuel Butler. Acesso em: 23 de junho, 2016. http://classics.mit.edu/Homer/odyssey.12.xii.html.

Hopko, Derek R., C. W. Lejuez, and Sandra D. Hopko. "Behavioral Activation as an Intervention for Coexistent Depressive and Anxiety Symptoms." *Clinical Case Studies* 3, no. 1 (janeiro, 2004): 37-48. doi:10.1177/1534650103258969.

Kaufman, Joan, Bao-Zhu Yang, Heather Douglas-Palumberi, Shadi Houshyar, Deborah Lipschitz, John H. Krystal, and Joel Gelernter. "Social Supports and Serotonin Transporter Gene Moderate Depression in Maltreated Children." *Proceedings of the National Academy of Sciences of the United States of America* 101, no. 49 (dezembro, 2004): 17,316-17,321. doi:10.1073/pnas.0404376101.

Kazantzis, Nikolaos, Craig Whittington, and Frank Dattilio. "Meta Analysis of Homework Effects in Cognitive and Behavioral Therapy: A Replication and Extension." *Clinical Psychology: Science and Practice* 17, no. 2 (junho, 2010): 144-156. doi:10.1111/j.1468-2850.2010.01204.x.

Kazdin, Alan E. "Evaluation of the Automatic Thoughts Questionnaire: Negative Cognitive Processes and Depression Among Children." *Psychological Assessment: A Journal of Consulting and Clinical Psychology* 2, no. 1 (março, 1990): 73-79. doi:10.1037/1040-3590.2.1.73.

Keeley, Mary L., Eric A. Storch, Lisa J. Merlo, and Gary R. Geffken. "Clinical Predictors of Response to Cognitive-Behavioral Therapy for Obsessive-Compulsive Disorder." *Clinical Psychology Review* 28, no. 1 (janeiro, 2008): 118-130. doi:10.1016/j.cpr.2007.04.003.

Kessler, Ronald C., Patricia Berglund, Olga Demler, Robert Jin, Doreen Koretz, Kathleen R. Merikangas, A. John Rush, Ellen E. Walters, and Philip S. Wang. "The Epidemiology of Major Depressive Disorder: Results from the National Comorbidity Survey Replication (NCS-R)." *Journal of the American Medical Association* 289, no. 23 (junho, 2003): 3095-3105. doi:10.1001/jama.289.23.3095.

Kessler, Ronald C., Patricia Berglund, Olga Demler, Robert Jin, Kathleen R. Merikangas, and Ellen E. Walters. "Lifetime Prevalence and Age-of-Onset Distributions of *DSM-IV* Disorders in the National Comorbidity Survey Replication." *Archives of General Psychiatry* 62, no. 6 (junho, 2005): 593-602. doi:10.1001/archpsyc.62.6.593.

Kessler, Ronald C., Wai Tat Chiu, Olga Demler, and Ellen E. Walters. "Prevalence, Severity, and Comorbidity of 12-month *DSM-IV* Disorders in the National Comorbidity Survey Replication." *Archives of General Psychiatry* 62, no. 6 (junho, 2005): 617-627. doi:10.1001/ archpsyc.62.6.617.

Kessler, Ronald C., Wai Tat Chiu, Robert Jin, Ayelet Meron Ruscio, Katherine Shear, and Ellen E. Walters. "The Epidemiology of Panic Attacks, Panic Disorder, and Agoraphobia in the National Comorbidity Survey Replication." *Archives of General Psychiatry* 63, no. 4 (abril, 2006): 415-424. doi:10.1001/archpsyc.63.4.415.

Kessler, Ronald C., Maria Petukhova, Nancy A. Sampson, Alan M. Zaslavsky, and Hans Ullrich Wittchen. "Twelve Month and Lifetime Prevalence and Lifetime Morbid Risk of Anxiety and Mood Disorders in the United States." *International Journal of Methods in Psychiatric Research* 21, no. 3 (setembro, 2012): 169-184. doi:10.1002/mpr.1359.

Kessler, Ronald C., Ayelet Meron Ruscio, Katherine Shear, and Hans-Ulrich Wittchen. "Epidemiology of Anxiety Disorders." *Behavioral Neurobiology of Anxiety and Its Treatment*, edited by Murray B. Stein and Thomas Steckler, 21-35. Heidelberg, Germany: Springer, 2009.

Kroenke, Kurt, Robert L. Spitzer, and Janet B. W. Williams. "The PHQ 9." *Journal of General Internal Medicine* 16, no. 9 (setembro, 2001): 606-613. doi:10.1046/j.1525-1497.2001.016009606.x.

Krogh, Jesper, Merete Nordentoft, Jonathan A. C. Sterne, and Debbie A. Lawlor. "The Effect of Exercise in Clinically Depressed Adults: Systematic Review and Meta-Analysis of Randomized Controlled Trials." *The Journal of Clinical Psychiatry* 72, no. 4 (2011): 529-538. doi:10.4088/ JCP.08r04913blu.

Ladouceur, Robert, Patrick Gosselin, and Michel J. Dugas. "Experimental Manipulation of Intolerance of Uncertainty: A Study of a Theoretical Model of Worry." *Behaviour Research and Therapy* 38, no. 9 (setembro, 2000): 933-941. doi:10.1016/S0005-7967(99)00133-3.

Lazarus, Arnold A. *Multimodal Behavior Therapy*. New York: Springer Publishing Company, 1976.

Leary, Mark R., and Sarah Meadows. "Predictors, Elicitors, and Concomitants of Social Blushing." *Journal of Personality and Social Psychology* 60, no. 2 (fevereiro, 1991): 254-262. doi:10.1037/0022-3514.60.2.254.

Lejuez, C. W., Derek R. Hopko, Ron Acierno, Stacey B. Daughters, and Sherry L. Pagoto. "Ten Year Revision of the Brief Behavioral Activation Treatment for Depression: Revised Treatment Manual." *Behavior Modification* 35, no. 2 (março, 2011): 111-161. doi:10.1177/0145445510390929.

Liu, Xinghua, Sisi Wang, Shaochen Chang, Wenjun Chen, and Mei Si. "Effect of Brief Mindfulness Intervention on Tolerance and Distress of Pain Induced by Cold-Pressor Task." *Stress and Health* 29, no. 3 (agosto, 2013): 199-204. doi:10.1002/smi.2446.

Löwe, Bernd, Kurt Kroenke, Wolfgang Herzog, and Kerstin Gräfe. "Measuring Depression Outcome with a Brief Self-Report Instrument: Sensitivity to Change of the Patient Health Questionnaire (PHQ-9)." *Journal of Affective Disorders* 81, no. 1 (julho, 2004): 61-66. doi:10.1016/S0165-0327(03)00198-8.

Ma, S. Helen, and John D. Teasdale. "Mindfulness-Based Cognitive Therapy for Depression: Replication and Exploration of Differential Relapse Prevention Effects." *Journal of Consulting and Clinical Psychology* 72, no. 1 (fevereiro, 2004): 31-40. doi:10.1037/0022-006X.72.1.31.

Martin, Alexandra, Winfried Rief, Antje Klaiberg, and Elmar Braehler. "Validity of the Brief Patient Health Questionnaire Mood Scale (PHQ-9) in the General Population." *General Hospital Psychiatry* 28, no. 1 (janeiro-fevereiro, 2006): 71-77. doi:10.1016/j. genhosppsych.2005.07.003.

McClatchy, Steve. *Decide*. Hoboken, NJ: Wiley, 2014.

McLean, Carmen P., Anu Asnaani, Brett T. Litz, and Stefan G. Hofmann. "Gender Differences in Anxiety Disorders: Prevalence, Course of Illness, Comorbidity and Burden of Illness." *Journal of Psychiatric Research* 45, no. 8 (agosto, 2011): 1027-1035. doi:10.1016/j. jpsychires.2011.03.006.

McManus, Freda, David M. Clark, and Ann Hackmann. "Specificity of Cognitive Biases in Social Phobia and Their Role in Recovery." *Behavioural and Cognitive Psychotherapy* 28, no. 03 (julho, 2000): 201-209. doi:10.1017/S1352465800003015.

Medco Health Solutions, Inc., "America's State of Mind Report." Acesso em: 21 de junho, 2016. http://apps.who.int/medicinedocs/documents/s19032en/s19032en.pdf.

Mitchell, Matthew D., Philip Gehrman, Michael Perlis, and Craig A. Umscheid. "Comparative Effectiveness of Cognitive Behavioral Therapy for Insomnia: A Systematic Review." *BMC Family Practice* 13 (maio, 2012): 1-11. doi:10.1186/1471-2296-13-40.

Moscovitch, David A. "What Is the Core Fear in Social Phobia? A New Model to Facilitate Individualized Case Conceptualization and Treatment." *Cognitive and Behavioral Practice* 16, no. 2 (maio, 2009): 123-134. doi:10.1016/j.cbpra.2008.04.002.

Naragon-Gainey, Kristin. "Meta-Analysis of the Relations of Anxiety Sensitivity to the Depressive and Anxiety Disorders." *Psychological Bulletin* 136, no. 1 (janeiro, 2010): 128-150. doi:10.1037/a0018055.

Nolen-Hoeksema, Susan, Blair E. Wisco, and Sonja Lyubomirsky. "Rethinking Rumination." *Perspectives on Psychological Science* 3, no. 5 (setembro, 2008): 400-424. doi:10.1111/j.1745-6924.2008.00088.x.

Okajima, Isa, Yoko Komada, and Yuichi Inoue. "A Meta-Analysis on the Treatment Effectiveness of Cognitive Behavioral Therapy for Primary Insomnia." *Sleep and Biological Rhythms* 9, no. 1 (janeiro, 2011): 24-34. doi:10.1111/j.1479-8425.2010.00481.x.

Öst, Lars-Göran. "One-Session Treatment for Specific Phobias." *Behaviour Research and Therapy* 27, no. 1 (1989): 1-7. doi:10.1016/0005-7967(89)90113-7.

Pavlov, Ivan P. "The Scientific Investigation of the Psychical Faculties or Processes in the Higher Animals." *Science* 24, no. 620 (novembro, 1906): 613-619. doi:10.1126/ science.24.620.613.

Piet, Jacob, and Esben Hougaard. "The Effect of Mindfulness-Based Cognitive Therapy for Prevention of Relapse in Recurrent Major Depressive Disorder: A Systematic Review and Meta-Analysis." *Clinical Psychology Review* 31, no. 6 (agosto, 2011): 1032-1040. doi:10.1016/j. cpr.2011.05.002.

Rachman, Stanley. *The Effects of Psychotherapy*. Oxford: Pergamon Press, 1971.

Redmoon, Ambrose. "No Peaceful Warriors." *Gnosis Journal,* Fall 1991.

Robustelli, Briana L., Anne C. Trytko, Angela Li, and Mark A. Whisman. "Marital Discord and Suicidal Outcomes in a National Sample of Married Individuals." *Suicide and Life-Threatening Behavior* 45, no. 5 (outubro, 2015): 623-632. doi:10.1111/sltb.12157.

Rothbaum, Barbara, Edna B. Foa, and Elizabeth Hembree. *Reclaiming Your Life from a Traumatic Experience: A Prolonged Exposure Treatment Program Workbook.* New York: Oxford University Press, 2007.

Schmidt, Norman B., and Kelly Woolaway-Bickel. "The Effects of Treatment Compliance on Outcome in Cognitive-Behavioral Therapy for Panic Disorder: Quality Versus Quantity." *Journal of Consulting and Clinical Psychology* 68, no. 1 (fevereiro, 2000): 13-18. doi:10.1037/0022-006X.68.1.13.

Sheldon, Kennon M., and Andrew J. Elliot. "Goal Striving, Need Satisfaction, and Longitudinal Well-Being: The Self-Concordance Model." *Journal of Personality and Social Psychology* 76, no. 3 (março, 1999): 482-497. doi:10.1037/0022-3514.76.3.482.

Skinner, Burrhus Frederic. *The Behavior of Organisms: An Experimental Analysis.* Cambridge, MA: B. F. Skinner Foundation, 1991.

Solomon, Laura J., and Esther D. Rothblum. "Academic Procrastination: Frequency and Cognitive-Behavioral Correlates." *Journal of Counseling Psychology* 31, no. 4 (outubro, 1984): 503-509. doi:10.1037/0022-0167.31.4.503.

Spek, Viola, Pim Cuijpers, Ivan Nyklícek, Heleen Riper, Jules Keyzer, and Victor Pop. "Internet-Based Cognitive Behaviour Therapy for Symptoms of Depression and Anxiety: A Meta-Analysis." *Psychological Medicine* 37, no. 3 (março, 2007): 319-328. doi:10.1017/S0033291706008944.

Stathopoulou, Georgia, Mark B. Powers, Angela C. Berry, Jasper A. J. Smits, and Michael W. Otto. "Exercise Interventions for Mental Health: A Quantitative and Qualitative Review." *Clinical Psychology: Science and Practice* 13, no. 2 (maio, 2006): 179-193. doi:10.1111/j.1468-2850.2006.00021.x.

Sweeney, Paul D., Karen Anderson, and Scott Bailey. "Attributional Style in Depression: A Meta-Analytic Review." *Journal of Personality and Social Psychology* 50, no. 5 (maio, 1986): 974-991. doi:10.1037/0022-3514.50.5.974.

Teasdale, John D., Zindel Segal, and J. Mark G. Williams. "How Does Cognitive Therapy Prevent Depressive Relapse and Why Should Attentional Control (Mindfulness) Training Help?" *Behaviour Research and Therapy* 33, no. 1 (janeiro, 1995): 25-39. doi:10.1016/0005-7967(94) E0011-7.

Tolin, David F. "Is Cognitive-Behavioral Therapy More Effective Than Other Therapies?: A Meta-Analytic Review." *Clinical Psychology Review* 30, no. 6 (agosto, 2010): 710-720. doi:10.1016/j. cpr.2010.05.003.

Tuckman, Ari. *Integrative Treatment for Adult ADHD.* Oakland, CA: New Harbinger Publications, 2007.

Vittengl, Jeffrey R., Lee Anna Clark, Todd W. Dunn, and Robin B. Jarrett. "Reducing Relapse and Recurrence in Unipolar Depression: A Comparative Meta-Analysis of Cognitive-Behavioral Therapy's Effects." *Journal of Consulting and Clinical Psychology* 75, no. 3 (junho, 2007): 475-488. doi:10.1037/0022-006X.75.3.475.

Wegner, Daniel M., David J. Schneider, Samuel R. Carter, and Teri L. White. "Paradoxical Effects of Thought Suppression." *Journal of Personality and Social Psychology* 53, no. 1 (julho, 1987): 5-13. doi:10.1037/0022-3514.53.1.5.

Wei, Meifen, Philip A. Shaffer, Shannon K. Young, and Robyn A. Zakalik. "Adult Attachment, Shame, Depression, and Loneliness: The Mediation Role of Basic Psychological Needs Satisfaction." *Journal of Counseling Psychology* 52, no. 4 (outubro, 2005): 591-601. doi:10.1037/0022-0167.52.4.591.

Wells, Adrian, David M. Clark, Paul Salkovskis, John Ludgate, Ann Hackmann, and Michael Gelder. "Social Phobia: The Role of In-Situation Safety Behaviors in Maintaining Anxiety and Negative Beliefs." *Behavior Therapy* 26, no. 1 (1996): 153-161. doi:10.1016/S0005-7894(05)80088-7.

Westra, Henny A., David J. A. Dozois, and Madalyn Marcus. "Expectancy, Homework Compliance, and Initial Change in Cognitive-Behavioral Therapy for Anxiety." *Journal of Consulting and Clinical Psychology* 75, no. 3 (junho, 2007): 363-373. doi:10.1037/0022-006X.75.3.363.

Williams, Chris, and Rebeca Martinez. "Increasing Access to CBT: Stepped Care and CBT Self-Help Models in Practice." *Behavioural and Cognitive Psychotherapy* 36, no. 6 (novembro, 2008): 675-683. doi:10.1017/S1352465808004864.

Wolpe, Joseph. "Psychotherapy by Reciprocal Inhibition." *Conditional Reflex: A Pavlovian Journal of Research and Therapy* 3, no. 4 (outubro, 1968): 234-240. doi:10.1007/ BF03000093.

World Health Organization. "Media Centre: Depression Fact Sheet." Acesso em: 23 de junho, 2016. http://www.who.int/mediacentre/factsheets/fs369/en/.

Índice remissivo

A

Abordagem cognitiva 75
Aceitação 133, 134, 163
Aceitação da incerteza 163
Aflição 84
Agitação física 32
Agorafobia 21, 24
Álcool 48, 160
Alterações no apetite 32
American Psychiatric Association 21
Amigos 43, 75, 176
Amizades recompensadoras 60
Ansiedade 8, 12, 18, 21, 25, 31, 55, 57, 78, 105, 115, 146, 147, 155, 174, 175, 179, 186, 188
Ansiedade excessiva 22
Ansiedade social 158
Aquisição de habilidades 16
Association for Behavioral and Cognitive Therapies 7
Atenção para o exterior 160
Atenção plena 181, 187, 189
Atitude 40
Ativação comportamental 116
Atividade(s) 60, 64, 72-74, 91, 113
Atividade física 48
Atividade mental 84
Atividades diárias 53, 54, 66, 120, 142
Atividades planejadas 70
Atividades prazerosas 112
Autofoco 161

Autonomia 44
Avaliação 41

B

Beck, Aaron 6, 88
Benefícios do exercício para a ansiedade e a depressão 69
Bom-senso 147
Brainstorm 65

C

Cafeína 118
Calafrios 25
Capacidade de realização de tarefas 115
Capacidade funcional 184
Carreira profissional 44
Cérebro 149
Cicatrização 32
Cientistas do comportamento 5
Cochilos 118
Comida 49
Como enfrentar desafios futuros 180
Como enfrentar o medo do medo 157
Como identificar pensamentos 76
Como vencer gradativamente a ansiedade 147
Competência 44
Comportamento 5, 7, 20, 57, 174, 175
Comportamento de segurança 159, 161

Compromisso de família 125
Conclusão de tarefas pendentes 123
Condições psicológicas 80
Conectividade 44
Conexões 46
Conflitos inconscientes 6
Consciência 46, 81
Consultar um profissional 185
Contato social positivo 69
Coração 157
Coragem 154
Corpo 47
Crenças 18, 88, 109, 151, 158
Crenças comuns no transtorno de
    pânico 82
Crenças essenciais 87, 108
Criação de exposição para os
    diferentes tipos de medo 154
Crises 23, 24
Crises de pânico 26, 147

D

Depressão 12, 18, 28-34, 55, 57, 78,
    85, 86, 104, 115, 174, 175, 186,
    188
Depressão grave 32
Desconforto 150, 153
Deslize social 106
Desmembramento de tarefas 124, 140
Desrealização 23
Diagnostic and Statistical Manual of
    Mental Disorders (DSM-5) 21,
    22
Diagrama das crenças essenciais 87
Diagrama de crenças básicas 108
Diagrama de eventos/pensamentos/
    emoções 79
Dificuldade para dormir 32
Direção positiva 184
Direto ao ponto 87
Distorção da realidade 23
Doença física 32
Dormir 118

Drogas e álcool 48

E

Efeito antidepressivo 58
Efeitos da depressão e da ansiedade
    sobre a gestão do tempo e de
    tarefas 115
Efeitos da prática da TCC 15
Efeitos do pânico 23
Emoção 76, 94, 174
Energia 52
Erros de pensamento 96
Erros de pensamento comuns na
    ansiedade e na depressão 104
Escala da depressão 34
Escolaridade 44
Escolaridade/carreira profissional 62
Espaço 132
Espaço mental 133
Especificadores dos transtornos
    depressivos 31
Esquiva cognitiva 162
Estabelecer os seus objetivos 39
Estratégias específicas de gestão do
    tempo e de tarefas 142
Evidências 97, 103
Evidências científicas 10
Excitação fisiológica 155
Exercício 69
Expansão 45
Experiências de vida 4

F

Falhas 129
Falta de ar 25
Família 42
Familiarização com a terapia
    cognitivo-comportamental 3
Fé/significado/expansão 45
Fluoxetina 12
Fobia(s) 35, 155
Fobia de cachorro 18
Fobias específicas 21, 22, 81, 154

Formulário de valores e atividades 62
Freud, Sigmund 3, 4
Futuro 178
Futuro imaginário 164

G

Gatilho 82
Gerenciamento do tempo 111
Gestão de tarefas 112, 141
Gestão do tempo 114, 141
Grau de precisão do pensamento 99
Grupos de apoio 187

H

Habilidades 13, 110
Habilidades de pensamento 116
Hierarquia 164
Hierarquia de exposições 166
Hobbies 50
Hora de dizer adeus 182
Humor 48, 49, 57, 88, 179

I

Identificação de pensamentos 74, 79
Identificação de suas crenças e
    temores essenciais 108
Identificação de tarefas 120
Identificação dos seus padrões de
    pensamento 72
Imperfeições 104
Impulso 137
Incerteza 153, 163
Inibidores seletivos da recaptação de
    serotonina (ISRS) 12
Interpretações negativas 94
Interrupção de ciclos 16

L

Lazer/relaxamento 50, 63
Lembranças 154
Lembretes 129
Lentidão 32

M

Manifestações físicas da depressão 32
Medicação 12
Medicamentos antidepressivos 69
Medo 20, 82, 88, 141-145, 149, 154,
    170
Medo de ter medo 85
Melancolia 32
Mente 47
Metanálises 13
Mise en place 126
Morte 32
Motivação 137, 138
Mudança de comportamento 58
Mudanças 56
Mudanças positivas 177

N

Necessidades humanas básicas 44
Nível de ansiedade 148

O

Obstáculos 135, 170
Onda de emoções desagradáveis 77
Opções recompensadoras 67

P

Paciência 143
Pacto de Ulisses 66
Padrão sazonal 33
Padrões de pensamento 72
Padrões de pensamentos
    problemáticos 171
Padrões de pensamentos negativos 90
Pânico 23, 81, 82, 156
Passatempos 50
Pensamento(s) 19, 20, 76, 88, 92, 95,
    113, 152, 171, 174, 175
Pensamento depressivo 86
Pensamento mais realista 103
Pensamentos em situações difíceis 94

Pensamentos inúteis 94, 112
Pensamentos negativos 69, 98
Pensamentos problemáticos 141
Perda(s) 58
Perda de entes queridos 164
Perguntas ilógicas 152
Periparto 33
Personalidade 39
Planejamento 73, 90, 167
Planejamento e realização de tarefas 123
Plano de atividades 55, 71, 89, 90, 111, 139, 168, 183
Pontos fortes 41
Pontualidade 137
Por onde começar? 67
Por que começar pelo comportamento? 57
Por que estou deprimido? 57
Prática 13
Prática da aceitação 133
Prazer 59
Predições 78, 156, 159
Preocupação(ões) 27, 84, 162
Preocupação como esquiva 162
Preocupações financeiras 45
Pré-tratamento 181
Princípio da terapia cognitiva 6
Princípios da gestão do tempo e de tarefas 117
Princípios do enfrentamento do medo 145
Priorização de tarefas 122
Procrastinação 135, 136
Programa de exercícios 15
Propósito 149
Psicanálise 3

R

Reações emocionais 75
Realização de tarefas 141
Receptividade ao pânico 158
Recompensas 132

Recuperação da saúde 184
Reflexões 126, 172
Relacionamentos 41
Relações 62
Relações entre os pensamentos, os sentimentos e o comportamento 15
Relações familiares 42
Relaxamento 50
Responsabilidade 130, 135
Responsabilidades domésticas 51
Resposta de "luta ou fuga" 23
Respostas emocionais 7
Retorno à vida 56
Revisão da abordagem cognitiva 75
Rotulação dos erros de pensamento 96
Rótulos 96

S

Satisfação 59, 64
Saúde física 47, 63
Saúde geral 47
Saúde mental 5
Sensação de satisfação 69
Sensação de sobrecarga 137
Sentimentos 7, 67
Sentir-se melhor 59
Sertralina 12
Sinais de ansiedade 100
Sinais de recaída 184
Síndrome disfórica pré-menstrual 31
Sintoma físico 106
Sistema nervoso 150
Sistema nervoso simpático 23
Situações incertas ou desconfortáveis 154
Situações sociais 22, 26
Solidão contínua 60
Sono 49, 69, 118
Substâncias químicas 181
Suportes desnecessários 151
Surpresas agradáveis 91

T

Tarefas 117
Tarefas pendentes 124
Tarefas programadas 172
Temas comuns na ansiedade e na
    depressão 80, 85
Temores 109, 148, 167, 168, 169
Tempo 52, 111, 119, 129
Terapia 11
Terapia cognitiva 6
Terapia cognitivo-comportamental
    (TCC) 3, 4, 7, 10, 11, 19, 29,
    39, 66, 158, 175
Terapia comportamental dialética 11
Terapia de controle do pânico 11
Terapia do comportamento 4
Tipos de pensamento 142
Trabalho 44, 120
Transtorno de ansiedade generalizada
    (TAG) 21, 24, 83, 161
Transtorno de ansiedade social 21, 22,
    82, 96, 158, 160
Transtorno de déficit de atenção/
    hiperatividade (TDAH) 14,
    136

Transtorno de pânico 11, 21, 23, 82,
    155
Transtorno de personalidade
    borderline 11
Transtorno depressivo maior 29
Transtorno depressivo persistente 30
Transtorno disfórico pré-menstrual
    30
Transtorno obsessivo-compulsivo 11
Tratamento ativo 12
Tratamento autodirigido 14, 168
Tratamento comportamental 5
Tristeza 6, 7

U

Uso da TCC para tratar a dificuldade
    para dormir 118

V

Valores 59-61
Vida normal 55
Vida profissional 45

Anotações

204 Treine seu cérebro – terapia cognitivo-comportamental em 7 semanas